妙高は噴火するか

新版

早津賢二

新潟日報事業社

まえがき

広大な裾野を広げて雄々しくそびえる妙高火山は、その山麓に生活する人はもちろん、全国の山を愛する人たちによって慕われています。とくに、妙高の周りに生活する人たちは、毎日のように、その美しい姿を仰いで生きています。会社や学校への行き帰りに、また農作業の合間に、幾度その目が妙高に向けられることでしょう。そして、妙高の頂上に登ったことのある人は、そこからのすばらしかった展望を思い出し、登ったことのない人は、いつか一度は、あの頂きに立ってみたいと思うのです。

私たちが生まれたとき、妙高はすでにそこにありました。私たちの両親や、そのまた親が生まれたときにも、妙高は今と変わらない姿で、そこにあったといいます。では、妙高はいったいどのくらい昔にできたのでしょう。また、どのようにしてできたのでしょうか。

妙高は火山だといわれています。火山であるからには、噴火したことがあるに違いありません。しかし、私たちの目の前では、まだ一度も噴火をしたことがありません。妙高は、もう死んでしまったのでしょうか。それとも、妙高はまだ生きており、これからも噴火する恐れがあるのでしょうか。もし噴火が起こったら、私たちはどうなるのでしょう。この本では、妙高火山の生い立ちを探りながら、このような疑問に答えていきたいと思います。

はるか昔から、今と変わらない姿でそこにあったように思われる妙高にも、私たち人間と同じように、誕生のときがあり、すくすくと成長したときがあり、そして死んでいくときのあることが明らかになるでしょう。そして、妙高の周りの自然や、その中で生活する人間も、妙高とともに大きく変化してきたことがわかってくるでしょう。

本書の前身「妙高は噴火するか―妙高火山の生いたちを探る―」が刊行されたのは、平成二（一九九〇）年のことでした。幸い、前著は好評で、多くの人に読んでいただけたようです。内容の一部は、高校の理科の教科書作成にも参考として使っていただけました。しかし、刊行から二年ほどで品切れとなり、その後は入手ができなくなっていきます。また、出版から日がたっているために、内容の一部は修正が必要になっています。本書は、妙高研究の最新の資料に基づいて、前著を全面的に書き改めた形のものになっています。

本書の出版にあたっては、新潟日報事業社の新保一憲さんと田宮千裕さんに、たいへんお世話になりました。厚くお礼を申し上げます。また、次の方々には、調査・研究を通してお世話になりました。写真や図の提供をいただいた皆様（後述）と合わせ、この機会を借りてお礼を申し上げます。

新井房夫・飯吉一徳・稲葉　浩・古川成光・原田利明・細谷　一・河内晋平・小林国夫・小島正巳・望月正彦・竹田静夫・田代達雄・山崎静雄・吉沢　甫の諸氏。ＡＪアスターク同人（代表　松木智恵美）・上越市教育委員会・（旧）妙高高原町教育委員会・妙高温泉土地株式会社（支配人　堀川　勇）・（旧）東北電力高沢発電所の皆様。

もくじ

まえがき　3
第一章　妙高火山の姿　11
妙高火山　12
活火山と死火山　15
第二章　最後の大噴火　19
一、関山石の謎　20
関山石　20
炭化木と煙の化石　21
関山石のふるさと　25

二、噴火の三つのタイプ……27
溶岩の流出……27
軽石や火山灰の放出……29
第三の噴火―火砕流……37
雲仙の火砕流災害……41
火砕流堆積物の特徴……44
三、五千年前の大噴火……47
関山石の正体……47
関山石の年代……48
最後の大噴火……50
緑の楽園……53
運命の日……55
第三章　二万年前の巨大な山津波――59
山崩れの地層……60

目撃された巨大崩壊……… 63
古墳と間違われていた「流れ山」…… 68
氷河時代……… 70
野尻湖の発掘……… 76

第四章　山崩れ前後の妙高 ―― 81
中央火口丘の建設……… 82
まぼろしの湖……… 84
三千メートルもあった妙高火山……… 88

第五章　妙高火山の一生 ―― 93
活動史の区分……… 94
噴火のメカニズム……… 96
多世代火山……… 98
妙高火山の一代目……… 101

二代目の活動……………103
三代目の活動……………104
四代目の妙高……………108

第六章　妙高の生まれる前――117

日本列島の骨格……………118
グリーンタフの海……………121
フォッサマグナ……………124
海から山へ―妙高火山群の誕生―……126

第七章　妙高は噴火するか――131

終末期にある四代目の妙高……………132
五代目の妙高は誕生するか……………137
噴火の予知……………139

第八章　妙高と私たちのくらし――145
美しい自然……146
母なる大地……149
妙高と災害……152
自然の保護……155
あとがき――162

第一章　妙高火山の姿

妙高火山

新潟県との県境近くにある長野県の野尻湖は、ナウマン象という大昔の象の化石がたくさん発掘されていることで知られています。この野尻湖付近から西の方を眺めると、なだらかな裾野をひいた美しい山が三つ、等間隔に並んでいるのが目にとまります。それらのいちばん南の山が飯縄《いいづな》火山、真ん中が黒姫《くろひめ》火山、そしていちばん北のひときわ高い山が、ここでお話する妙高《みょうこう》火山です（図1）。

私たちは、ふつう、この妙高火山を妙高山《みょうこうさん》とよんでいます。しかし、単に妙高山といった場合、正確には、妙高火山の中央にある最も高い山だけを指すことになっています。

図１　野尻湖西方から眺めた右から妙高、黒姫、飯縄の各火山

この妙高山（二四五四メートル）を取り巻くように、神奈山《かんなさん》（一九〇九メートル）、前山《まえやま》（一九三二メートル）、赤倉山《あかくらやま》（二一四一メートル）、三田原山《みたはらやま》（二三六〇メートル）、大倉山《おおくらやま》（二一七一メートル）といった山々が並んでいるのがわかるでしょう（図２）。これらの山々を含めた全体の山が妙高火山です。妙高山の頂上に登ると、この様子がたいへんよくわかります。この本でも、妙高山といったときには中央の山だけを指し、妙高火山または妙高といった場合には、全体の山を指すことに決めておきましょう。

火山では、妙高山のように真ん中にある山を中央火口丘《ちゅうおうかこうきゅう》といい、それを取り囲んでいる神奈山や三田原山などの山々を外輪山《がいりんざん》とよんでいます。また、中央火口丘を取り去った部

図2　外輪山と中央火口丘

分の外輪山に囲まれた大きなくぼ地を「カルデラ」といいます。カルデラとは、スペイン語で「鍋《なべ》」という意味なのだそうです。

妙高火山の外輪山は、神奈山と前山の間、および前山と赤倉山の間の二カ所が、それぞれ北地獄谷と南地獄谷の深い谷によって刻まれています。その谷から流れ出る大田切《おおたぎり》川と白田切《しらたぎり》川は、東方の山麓で関川に合流し、高田平野をへて日本海へと注いでいます。

妙高火山とその周辺は、美しい自然に恵まれており、昭和三十一（一九五六）年に上信越高原国立公園に編入されました（図３）。春から秋にかけては登山やキャンプでにぎわい、冬は一面スキー場に替わります。いたるところに温泉が湧きだしていて、山麓には、

図３　1965年発行の記念切手

古くからたくさんの温泉地が開かれています。

活火山と死火山

妙高は火山である、ということを知っている人は、たくさんいると思います。火山とは、一般に、地下の深いところにある岩石が溶けてできたマグマやガスが、地表まで上ってきて噴火してできた山のことをいいます。

燕《つばめ》温泉は、妙高の中でも最も標高の高いところにある温泉として知られていますが、その西七百メートルほどのところに惣滝《そうたき》という滝があります（図４）。温泉を訪れた人々の多くは、散策をかねてこの滝まで足をのばし、とうとうと流れ落ちる滝の音に、深山の

図4　惣　滝

気分を味わいます。ここでは、噴火によって流れ出た溶岩が、幾重にも重なっている様子を間近に見ることができます。似たような溶岩や火山灰の重なりは、ほかの多くの場所でも見ることができますので、妙高は溶岩や火山灰が積み重なってできている火山であることがわかります。ですから、妙高が火山であることは確かです。

妙高の北西にある焼山《やけやま》は、昭和四十九（一九七四）

年七月に突如噴火し、たくさんの火山灰を降らせました（図５）。妙高市や上越市に住む人々は、この火山灰を浴びてたいへん驚いたものでした。焼山は、これより前にも、たびたび噴火をくり返しています。このように、現在も盛んに活動を続けている火山を、活火《かつか》山《ざん》とよんでいます。日本では、浅間山・伊豆大島・九州の桜島・阿蘇山などが有名です。

一時、活火山と対になる言葉として、休火山とか死火山といった言葉もよく使われました。現在は活動していないが将来活動する可能性のある火山は休火山、将来も活動する可能性が全くない山は死火山というわけです。

しかし、火山の一生は、人間の一生に比べてはるかに長いので、将来活動を再開するか

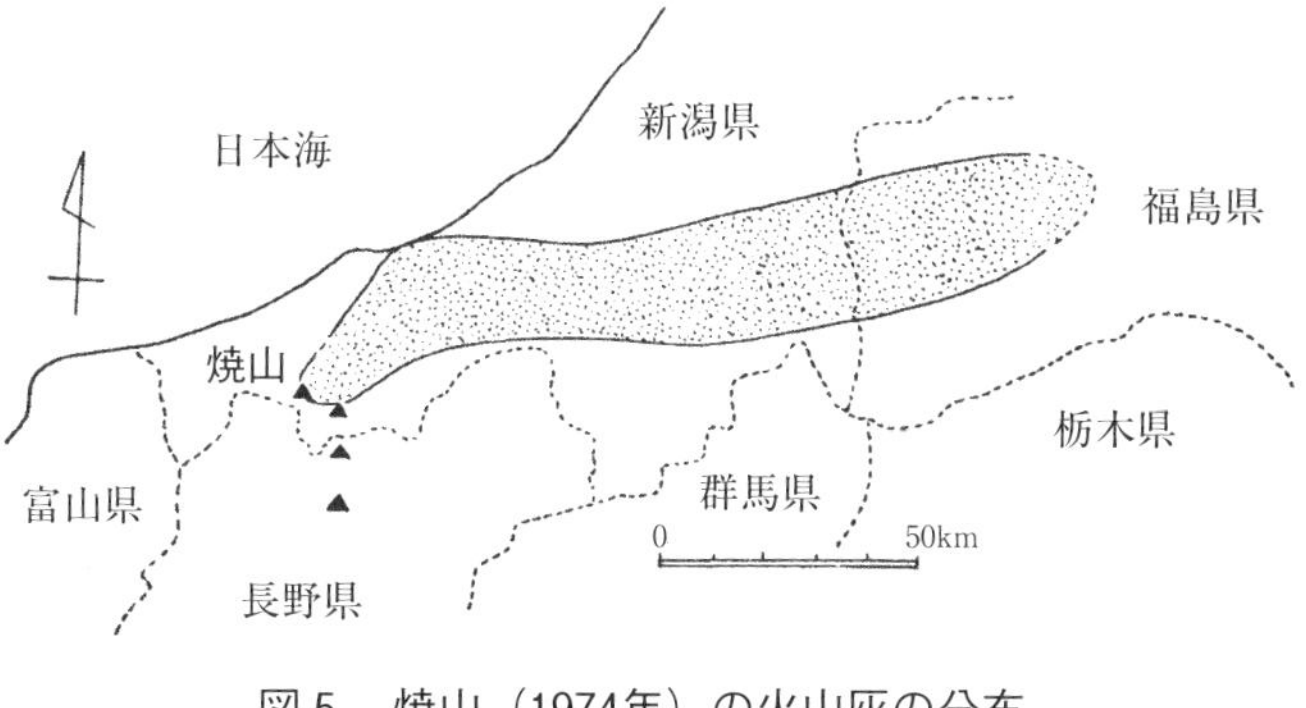

図５　焼山（1974年）の火山灰の分布

どうかは、なかなか判定できないことが多いのです。死火山とされていた御岳《おんたけ》火山の昭和五十四（一九七九）年の突然の噴火は、このことを改めて感じさせてくれました。

そこで、最近、気象庁は、過去一万年以内に噴火した証拠のある火山、または現在活発な噴気活動が認められる火山を活火山とし、その他の火山は、単に火山とだけよぶように決めました。二〇一一年六月現在、日本（北方領土を含む）には、活火山とわかっている火山が百十あります。

さて、妙高が火山であることは、すでにわかっていますが、私たちの目の前では、まだ一度も噴火したことがありません。では、妙高は、いつ、どのようにして噴火したのでしょう。妙高は活火山なのでしょうか。

第二章　最後の大噴火

一、関山石《せきやまいし》の謎

関山石

妙高火山の北東山麓にあたる妙高市の関山《せきやま》付近では、灰色または白っぽい灰色をしたいろいろな大きさの石が、あちこちに見られます。この地域の人たちは、この石を関山石とよんでいます。関山石は、それほど硬くなく、加工しやすいため、昔からいろいろなことに使われてきたそうです。

私たちは、石のことを、少し固い言葉で岩石とよんでいます。水晶《すいしょう》や方解石《ほうかいせき》などは鉱物とよばれますが、岩石は、種々の鉱物が集まってできています。岩石には、どろどろに溶けている熱いマグマが冷えて固まってできた火成岩《かせいがん》、水の中や陸上で泥や砂が積もってできた堆積岩《たいせきがん》、さらに、火成岩や堆積岩が地下の深いところで、温度や圧力の作用で変化してできた変成岩《へんせいがん》の三種類あります。火成岩は、さらに深成岩《しんせいがん》と火山岩《かざんがん》とに分けられます。深成岩は、マグマが地下の深いところでゆっくりと冷えてできたものですが、火山岩はマグマが地表に噴き出して固まったものです。深成岩を偏光《へんこう》顕微鏡という特別な顕微鏡で見ると、同じような大粒の鉱物の集合体からできていることがわかります。花こう岩あるいは御影石《みかげいし》とよばれている石は、深成岩の代表的なものです。一方、火山岩は、ふつう、大きな鉱物の間を非常に細かい鉱物や火山ガ

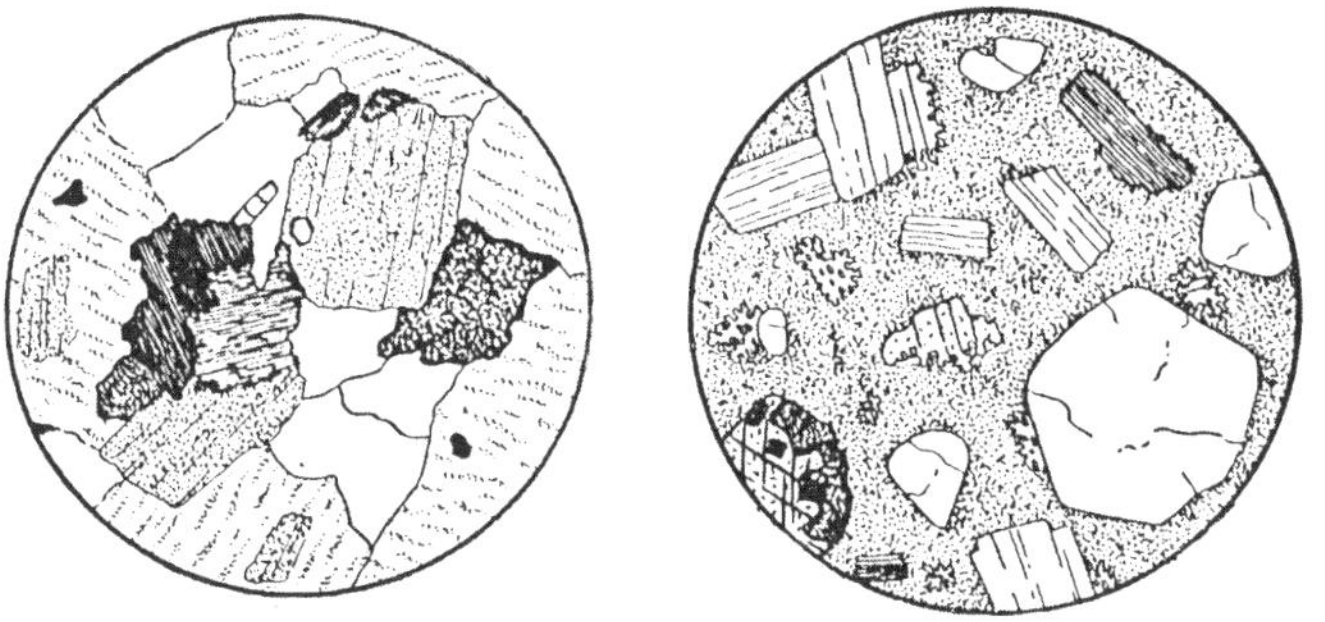

図６　顕微鏡でみた火山岩（右）と深成岩

ラスが埋めているので、深成岩と容易に区別することができます（図６）。

ところで、関山石を偏光顕微鏡でのぞいてみると、斜長石《しゃちょうせき》・角閃石《かくせんせき》・輝石《きせき》といった大粒の鉱物の間を、非常に小さな鉱物やガラスが埋めているのがわかります。これは火山岩の特徴ですから、もともとは、火山の噴火によってできたものに違いありません。どこかの火山の爆発で、関山まで飛ばされてきたのでしょうか。それとも、火山から、川によって運ばれてきたのでしょうか。

炭化木と煙の化石

関山から南へ三キロメートルほど行ったところに、大田切川《おおたぎりがわ》という川があります。その

図７　関山石の堆積物

川の両岸は急な崖になっていて、ところどころに、関山石が層をなしてたくさん地表に出ているのを見ることができます（図７）。そんな崖の一つ、国立妙高青少年自然の家の南側にある崖では、関山石の層の厚さは、四十メートル以上もあります。そこで、関山石の層を詳しく観察してみることにしましょう。

石の大きさは、一メートル以上もある大きいものから、砂つぶや粉状の小さなものまで、さまざまなものがあります。石の種類は、ほとんどみな同じようなものばかりです。やや角ばった石が多く、川原の石のように丸くてつるつるした石は一つも見あたりません。また、関山石の層の中には、川や湖の堆積物によく見られるような縞模様も見られません。どうも水によって運ばれてきたものではないようです。

では、火山が山崩れを起こして、ここまで土砂が流れてきたのでしょうか。それなら角ばった石がたくさんあってもいいし、いろいろな大きさの石があることもわかります。でも、火山には、ふつういろいろな種類の石がありますから、それが崩れてきたのであれば、この堆積物にも、たくさんの種類の石があってもよさそうです。ところが、すでにお話したように、関山石の層は、みなほとんど同じ種類の石ばかりでできているのです。

最後に残された可能性は、火山の噴火によって放出された岩片が直接積もってできたのではないか、ということです。そうであれば、一種類の石からできていることが説明できます。では、もっと注意して関山石の層を観察してみましょう。

驚いたことに、この層の中から、ときどき木炭が見つかるのです。今では、電気やガス器具が普及したので、木炭を使う家庭は少なくなりましたが、少し前までは、冬の暖房や調理用の熱源として、広く利用されていました。この木炭というのは、木を蒸し焼きにして作ったものです。家庭で使うのと同じような木炭が、関山石の層の中から出てくるということは、いったいどういうことなのでしょうか。

さらに面白いことには、比較的大きな木炭があると、ときどき、その木炭の上方に、暗

図８　炭化木と“煙の化石”

褐色から黒色にすすけた炎状の部分が認められることがあります（図８）。そして、その部分では、ほかの部分にはふつうにある細かい粉状の物質がなくなっているのです。

これは、次のように説明できそうです。木が炭になるときには、木に含まれている水分などの不要な物質を木から取り去る必要があります。堆積物に閉じ込められた木は、空気と遮断された状態で蒸し焼きにされます。そのとき木から出てきた水などの物質は、上方に通路を開き（自分で煙突を作って）、煙となって地表に逃げ出したのでしょう。通路（煙突）となった部分にあった細かい物質は、煙に混じって地表に噴き出され、通路の内側は煙によって暗褐色から黒色に汚染されたものと思われます。つまり、木炭の上方に見られる炎状の部分は、木炭ができるときに煙の逃げ出した跡であり、いわば「煙の化石」ともいうべきものなのです。

以上のことから、関山石が積もったとき、その堆積物は、埋もれた木が炭になるくらい熱かったことがわかります。これだけの証拠があれば、関山石は、噴火によって直接積もってできたと考えてよいでしょう。

関山石のふるさと

それでは、関山石は、どの火山から噴出したものなのでしょうか。噴出地点を探す最もよい方法は、堆積物の分布を調べてみることです。関山石の分布を地図上に描いてみる

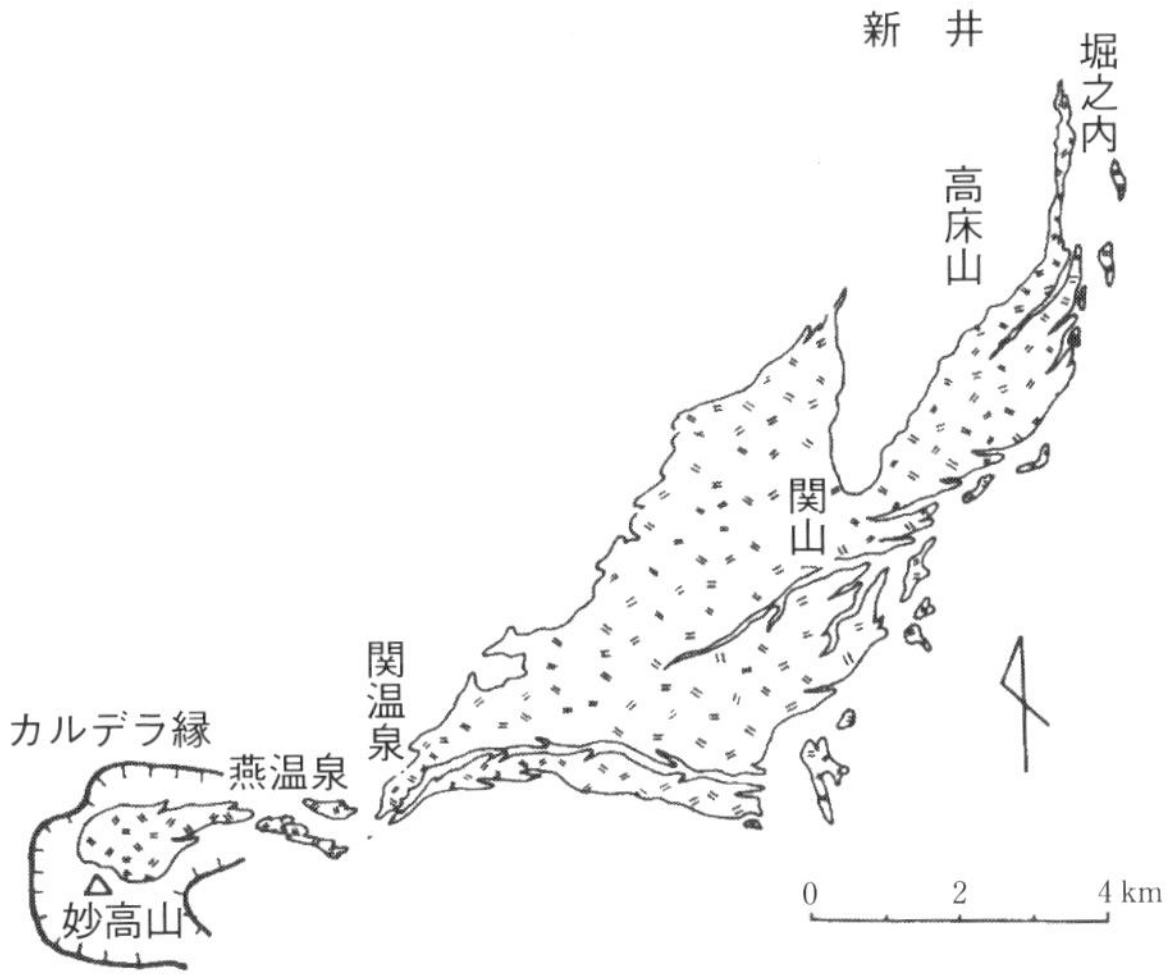

図９　関山石の分布

と、図9のようになります。つまり、妙高火山の頂上付近から燕・関温泉を通り、関山からさらに関川にそって妙高市の堀之内の方まで広がっています。これで、関山石は、妙高火山の噴火によってできたものであることがはっきりしました。

ところで、この分布図で一つ注意しておいてほしいことがあります。それは、妙高山の頂上から燕・関温泉までは、谷の中の狭い範囲にだけ分布していますが、関温泉からは急に分布が扇状に広がるということです。堆積物の中の岩片の大きさをみると、分布が急に広がる関温泉から関山の間に、大きな岩片が集中している傾向があります。最も大きな岩片の直径は、七メートルもあります（図10）。

図10　巨大な関山石

これまでのお話によって、関山石の層は、妙高火山の噴火によって、熱い大小の岩片が積もってできたということがわかりました。一でも、まだまだ不思議なことがあります。一メートル以上もある大きな石が、十キロメートル以上も空を飛んできたのでしょうか。火口の近くにではなく、遠く離れたところに、なぜいちばん大きな石があるのでしょうか。いったい、妙高はどのような噴火をして、関山石を積もらせたのでしょう。

それを知るには、いったん妙高から離れ、火山の噴火にはどのようなものがあるのか、みてみることが早道です。

二、噴火の三つのタイプ

溶岩の流出

火山の噴火では、溶岩を火口からドロドロと流し出すタイプの噴火と、火山灰や軽石を空高く噴き上げるタイプの噴火が、一般によく知られています。前者では、溶岩が初め火口を満たし、火口がいっぱいになると、いちばん低いところからあふれて流れ出すのがふつうです。このような溶岩の流れを溶岩流《ようがんりゅう》といいます（図11）。

昭和五十八（一九八三）年の伊豆諸島三宅《みやけ》島《じま》の噴火では、山腹に割れ目を開いて噴出した溶岩が、幾筋もの溶岩流となって流れ下り

図11　伊豆大島の溶岩流（1986年）

ました。そのうちの一つは、阿古《あこ》という町の中心部に流れ込み、全住宅五百二十棟のうち三百四十棟と、小・中学校、保育園、診療所などを焼失・埋没させてしまいました。

三宅島の噴火から三年後の昭和六十一（一九八六）年には、となりの伊豆大島《いずおおしま》が噴火し、五百六十五年ぶりという割れ目噴火にともなって流出した溶岩が、島の中枢である元町の住宅にあと百メートルというところまで迫る出来事がありました。

また、大正三（一九一四）年、九州桜島の噴火で流れ出た溶岩は、一時間に百メートルというゆっくりした速さで山腹を下り、海の中に流れ込みました。そして、幅四百メートル、深さ八十メートルもあった海峡を埋めつくし、対岸の大隅《おおすみ》半島に届いてしまいました。それまで、鹿児島湾に浮かぶ一つの島であった桜島は、これによって半島の一部になってしまったのです。桜島は、その後、昭和二十一（一九四六）年にも溶岩を流しています。

火口から流れ出た溶岩は、一般に低い谷底などにそって流れます。火口から何十キロも遠くまで達することは少なく、幅も長さも限られているのがふつうです。流れ下る速さは、まれに時速五十キロを超す高速のものもありますが、一般には、人間の歩く速さより遅いものが多いようです。したがって、溶岩流に巻き込まれて命を落とすというようなことは、めったに起きるものではありません。

一九七七年のアフリカ・ニーラゴンゴ火山の噴火では、溶岩流によって百人ほどの死者が出たといわれていますが、これなどは、きわめてまれな例だといえるでしょう。

軽石や火山灰の放出

爆発的な噴火によって、火山灰や軽石などを空高く放出する噴火（図12）も、よく目撃されています。日本の代表的な火山である浅間山や桜島も、ときどき大爆発を起こし、火山灰や軽石を降らせることで有名です。

空中に打ち出された噴出物のうち、大型の岩片は（火山岩塊や火山弾など）、放物線を描いて火口周辺に落下し、ときに人命を奪うことがあります。

図12　軽石や火山灰の放出（有珠山の1977年噴火）

浅間山の昭和三十三（一九五八）年の噴火では、六トンもある岩の塊が、火口から四キロ近くまで飛ばされたということです。

雄大な火口を望めることで観光客に人気のある九州の阿蘇《あそ》山中岳《なかだけ》は、日本有数の活火山であり、最近でもしばしば爆発的噴火をくり返しています。そして、昭和二十八（一九五三）年に、観光客六人が死亡、九十人以上が負傷したのをはじめ、昭和三十三（一九五八）年には、ロープウエーの作業員十二人が死亡、さらに昭和五十四（一九七九）年には、観光客三人が死亡十六人が負傷するという、痛ましい事故を引き起こしています。

戦後、火山噴火による死者の三〇パーセント以上は、これら火口近くでの噴石（大型の放出岩塊）によるものでした。最近は、火山の山麓だけでなく、火山そのものも観光の対象とされるようになり、活火山の火口にまでたくさんの観光客が押し寄せるようになってきています。そのため、かつては全く問題にならなかったような小さな噴火でさえも、大きな災害につながる危険が増してきているといえます。

火口から噴出される物質のうち、火山灰や軽石などの軽い物質は、ガスと一体となった噴煙の状態で、周りの空気を取り込みながら、激しく上昇していきます。大きな噴火では、二万メートル以上の上空に達することも珍しくありません。噴煙は、風に流され、風下側にたなびきます。日本の上空には、偏西風という風が西から東に向かって吹いているため、上空に達した噴煙は、この偏西風に乗って東の方に流される傾向があります。火山灰や軽石が火山の東側に降下することが多いのは、そのためです。

噴出された火山灰や軽石は、溶岩流に比べて、はるかに広い地域をおおうのが特徴です。このため、広域にわたって農作物などに被害を与え、社会生活に混乱をもたらします。

二十世紀最大規模の噴火となったフィリピン・ピナツボ火山の噴火（一九九一年）では、数千平方キロの地域が、厚さ十センチ以上の火山灰で埋まりました。九十キロ離れた首都マニラでも、火山灰が降り積もり、空港が一時使用不能に陥ったほどです。マルセリーノという町では、屋根に降り積もった火山灰の重みで、教会やスーパーマーケットなどがつぶれ、七十六人が死亡しました。また、オロンガポ市でも、同じように五十五人が犠牲になりました。火山の東麓にあったクラーク米軍基地では、建物の屋根が落ち、滑走路が埋まって、結局、基地を放棄せざるを得ませんでした。

火山国日本では、はるか昔から火山災害がくり返されてきました。昭和六十（一九八五）年と六一（一九八六）年にかけて実施された、群馬県渋川市（旧子持村《こもちむら》）にある黒井《くろい》峯《みね》遺跡の発掘（図13）では、榛名山から噴出された二メートルもの軽石層の下から、六世

図13　黒井峯遺跡の発掘

紀後半の古墳時代の集落が掘り出され、全国的に大きな話題をよびました。火山灰や軽石の厚い層は、当時の地表をそのまま真空パックしたように包み込み、タイムカプセルのようにに永久保存するという役目も果たしてくれます。そのため、黒井峯遺跡では、当時のいろいろな建物のつくりや集落の構成、田畑の様子など、それまで謎の多かった古墳時代の集落の景観を、細部まで手にとるように復元することができたのです。

黒井峯の集落に降ってきた軽石は、直径数センチ大のものが多かったのですが、中には人の頭ほどもある軽石も混じっていました。しかし、建物が燃えるほど熱くはなかったようです。バラバラと雹《ひょう》のように降ってきた軽石は、はじめ屋根を転げ落ち、軒下に厚くたまりました。そのうち、屋根の上にも積もるようになり、やがて軽石の重みで屋根は完全につぶれてしまいました。この混乱の中、数件の家から失火とみられる火災が発生し、軽石の降りしきる中、燃え続けたこともわかっています。人々の慌てふためいている様子が、うかがえるではありませんか。軽石が降っていた時間は、長くても数時間以内であろうと考えられています。

西暦七九年、イタリア・ベスビオ火山の噴火で、六メートルもの軽石の下に埋まり、十八世紀に発掘されるまで地下に眠っていた、古代都市ポンペイの話はあまりにも有名です（図14）が、日本にも、日本のポンペイともいえる遺跡がたくさんあります。黒井峯遺跡は、その代表的な遺跡の一つといえるでしょう。

妙高の山麓には、はるか遠方から風に乗って飛んできた火山灰や軽石もたくさん分布しています。今から二万九千年前に、九州の桜島の近くから飛んできたＡＴと呼ばれる火山灰もその一つです（図15）。この火山灰を噴出したときの噴火は、日本列島で一万年に一度くらいしか起きないような巨大噴火でした（図16）。この時の噴火で、直径二十キロにおよぶ地域の陥没が完成した結果、現在見られる鹿児島湾の奥の部分が形づくられました。南九州に広く分布し、大雨が降るたびに崖崩れを起こすことで有名なシラスという土も、

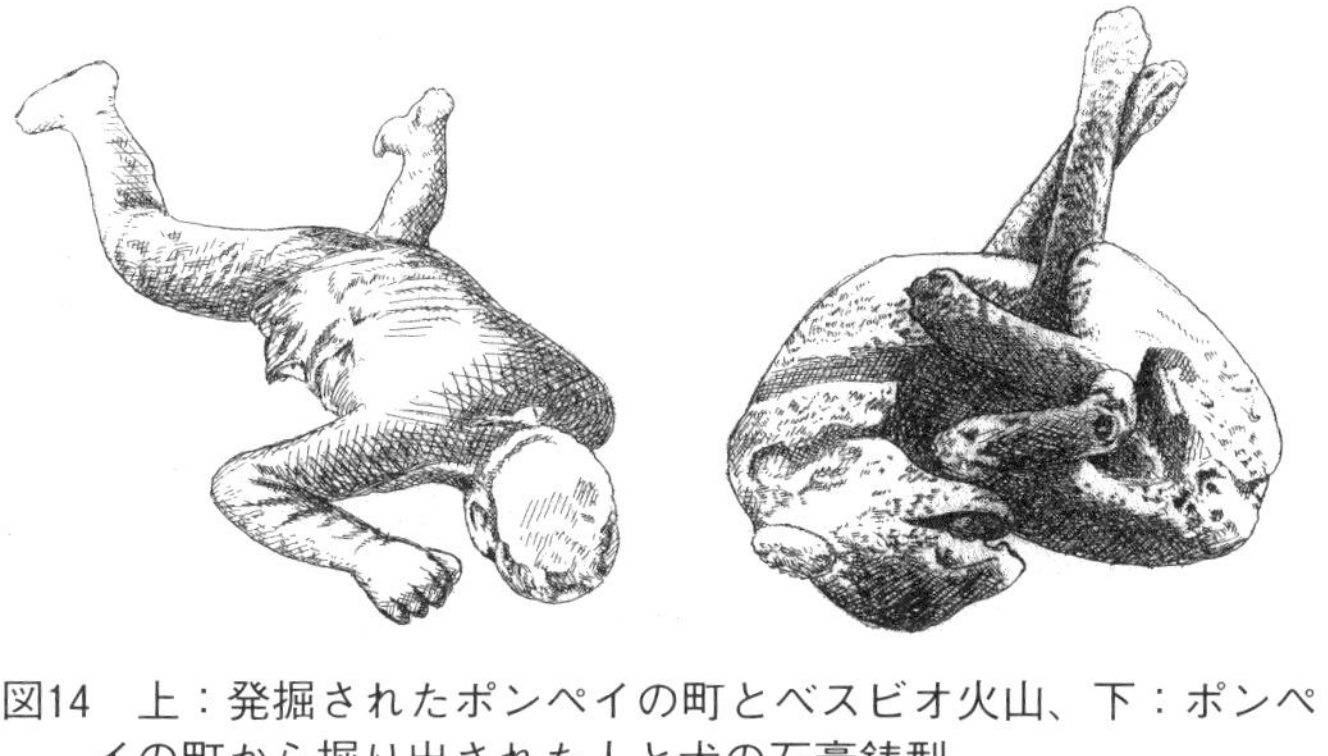

図14　上：発掘されたポンペイの町とベスビオ火山、下：ポンペイの町から掘り出された人と犬の石膏鋳型

図15　妙高山麓のAT火山灰

図16　姶良火山の巨大噴火

この時の大噴火で噴出されたものです。桜島が生まれたのは、そのずっと後のことです。妙高の近くには、このほか、同じ九州の鬼界ヶ島や阿蘇山、鳥取県の大山、富山県の立山、長野・岐阜県境にある御岳山などから飛んできた軽石や火山灰も数多く発見されています。

このように、噴火によって放出された火山灰や軽石などは、溶岩流に比べて、はるかに広い地域をおおうのが特徴です。そして、雪が降るときのように、地表にそって山の上にも谷の底にも積もります（図19）。

また、軽石や火山灰は、重いものから先に落下するため、堆積物は粒がそろっていることが多く、下部から上部に向かって粒が小さくなっている例も、しばしば見られます。もちろん、火口から遠く離れるほど粒は小さくなります。さらに、軽石や火山灰は、すでに述べたように、火山の東側に厚く分布するという特徴があります。

第三の噴火─火砕流《かさいりゅう》

火山の噴火というと、溶岩を流し出す噴火と火山灰や軽石を噴き上げる噴火が、すぐに目に浮かびます。火山を研究している学者も、以前は、この二つの噴火が主なものである、と考えていました。ところが一九〇二年に、この二つの噴火のどちらにも当てはまらないような噴火が目撃されたのです。

カリブ海に浮かぶ西インド諸島のなかに、

マルチニク島という小さな島があります。この島には、プレー火山という名の火山があり、その南の麓には、サンピエールという港町があります。

プレー火山は、一七九二年と一八五一年に小噴火して以来、数十年間というもの噴火がありませんでしたが、一九〇〇年ごろから活動が始まり、小さな噴火がくり返されるようになりました。一九〇二年に入ると、活動はさらに活発になり、火口湖の水が泥流《でいりゅう》となって山麓を襲い、三十人以上が死亡するという事件もありました。しかし、これは、次にくる大惨劇の序曲にしかすぎませんでした。

五月六日には、ついにマグマが地表に顔を出し、溶岩ドームをつくりはじめました。そして、五月八日の朝、プレー火山は大音響とともに爆発、巨大な噴煙が山頂から立ち上りました。続いて、もう一つの黒い噴煙が、山腹にそって駆け下りてきたのです。その行く手には、サンピエールの町がありました。わずか数分で、町は灼熱《しゃくねつ》の黒雲になぎ払われ、壊滅してしまったのです（図17）。

二万八千人の市民のうち、助かったのは、地下の独房に入っていた二十五歳の囚人一人だけでした（助かったのは二人または三人という説もあります）。鉄格子のはまった小さな窓から灰まじりの熱風が吹き込んできて、大やけどを負ったのですが、奇跡的に命をとり止めたといいます。このサンピエールの惨劇は、二十世紀最大の火山災害として記録さ

図17　プレー火山の火砕流と破壊されたサンピエールの町

れています。

この噴火の直後に詳しい調査をおこなったフランスの火山学者ラクロアにより、サンピエールの町を破壊した噴煙の正体は、マグマの破片である火山灰や大小の岩片が、高温のガスと一体となって高速で流れてきたものであるということが、初めて科学的に明らかにされました。温度は、七百～千度くらいであったと推定されています。

プレー火山のこの噴火は、それまで知られていた噴火とは、まったく違ったものでした。火山灰や岩片が水蒸気などのガスと混じり合い、灼熱の雲となって、斜面をなだれのように駆け下りてくるという、全く新しいタイプの噴火です。ラクロアは、初めて知られたこの現象を、文字どおり灼熱の雲「熱雲」とよびました。現在では、より一般的に、火砕流とよぶようになっています。

一時は、プレー火山のような火砕流噴火は、めったに起こらない特殊な噴火である、と考えられたこともありました。しかし、その後、同様な噴火が、他の火山でもしばしば目撃されるようになりました。また、多くの火山の山麓で、昔の火砕流の堆積物が広く分布していることも明らかになってきました。今では、火砕流噴火は、溶岩の流出や火山灰の噴出などと同じように、火山ではふつうに起こる噴火であることがわかっています。世界的にみると、破壊的な火砕流は、平均二～三年に一回の割合で発生しています。

火砕流には、成長しつつある熱い溶岩ドームが崩れて発生するものや、直接火口から噴き出されて発生するものなど、いろいろなタイプのものが知られています。いずれも、高温（数百～千度）・高速（時速五十～百五十キロメートル）で、しかも比較的広い範囲をおおうため、一度に多数の人命を失う恐れのある、最も恐ろしい噴火の一つです。

火砕流は、その流れ全体が、岩片とガスの均一な集合体というわけではありません。大きな岩片が集中しているのは、地表にそった薄い部分だけで、この部分がいわば火砕流の本体です。その上には、火砕流雲の体積の大部分を占めるいわゆる灰かぐらの部分が伴われています。本体の密度の大きい部分は、地形の低いところにほぼ忠実にそって流れますが、灰かぐらは、谷からはみ出して高いところに乗り上げたり、尾根を越してとなりの谷へ入ったりすることもあります。

雲仙《うんぜん》の火砕流災害

火砕流という一般には耳なれない言葉が、広く日本中に知れわたったのは、何といっても、平成三（一九九一）年六月三日の雲仙普《ふ》賢岳《げんだけ》の火砕流災害によってでした。

雲仙火山は、平成二（一九九〇）年の十一月に、およそ二百年ぶりに噴火を開始し、翌年の五月二十日には、ついに溶岩が地表に顔を出しました。溶岩は、たいへん粘り気の大きいもので、出口の上に盛り上がり、溶岩ドームをつくったのです。溶岩の流出は、その後もほぼ一定の速さで続き、ドームはだんだん大きく不安定になっていきました。そして、五月二十四日、ドームの一部が崩壊し、火砕流となって流れ下っているのが、初めて確認されたのです（図18）。火砕流は、それ以降も頻繁にくり返され、二十六日には、水《みず》無川《なしがわ》上流で土砂の除去作業をしていた作業員がやけどを負う、という事故が起きています。

　六月三日の〝大規模火砕流〟による災害は、こういう動きの中で起こりました。この日の午後四時すぎ、それまでで最大規模の火砕流が発生、水無川にそって四・五キロも流れ下り、北上木場《きたかみこば》地域を襲ったのです。火砕流の

図18　雲仙普賢岳の火砕流（1992年）

スピードは、時速百キロを超えていました。とても逃げる時間はなかったはずです。

この火砕流で、報道関係者や消防団員をはじめとして、四十三人もの方が犠牲になってしまったのです。この中には、三人の火山の専門家も含まれていました。病院に運び込まれた負傷者の多くは、熱風を吸い込んだため、気管や肺にやけどを負っていたということです。

ものすごい迫力で迫ってくる火砕流、火砕流から逃げる消防団員、やけどを負って苦しむ人々、そんな一部始終がテレビでくり返し放映され、日本中の人が、火砕流というものを目の当たりにし、その恐ろしさを初めて実感したのでした。

ドームの崩壊が火砕流を引き起こしていることがわかったとき、噴火予知連絡会や、火山に詳しいスタッフを抱えているNHKでは、火砕流という言葉を使って一般に公表すべきかどうか、たいへん悩んだようです。火砕流という言葉が一人歩きし、パニック状態になることを恐れたためです。結局、火砕流という形で公表することになりましたが、「きわめて小規模なもので、大きな災害にはつながらない」ということが強調されたものとなりました。もちろん、それだけが原因であったとは思えませんが、結果として、多くの犠牲者を出すことになってしまったわけです。なかなか難しい問題ですが、やはり、住民を信じ、事実を公表・報道するという原則に立つべきでしょう。そして、そのためにも、平素から普及や教育に努め、デマを見抜きパニックに陥らないように知的水準を高めておくことが大切なのではないでしょうか。噴火が起こってからでは、あまりにも遅すぎるのです。最近では、火山や地震災害に関する普及書が多く出版されるようになってきていますし、テレビや新聞で取り上げられる回数も増えています。私たち一人ひとりが、正しい知識を身につけておきたいものです。

火砕流堆積物の特徴

プレー火山や雲仙普賢岳の噴火でみられた火砕流は、マグマの破片からできた大小の岩片や火山灰が、ガスと混じり合って灼熱の雲となり、斜面をなだれのように流れ下るという特徴をもっています。

この火砕流が積もってできた堆積物を見てみると、火山灰や岩片が無秩序に積み重なっており、連続した岩盤の部分をもつ溶岩流とは全く違っています。岩片の大きさは、直径が何メートルもあるような巨大なものから、砂つぶより小さいものまでさまざまです。そして、火口から何キロも離れたところにまで、大きな岩片が運ばれています。このような特徴は、空高く噴き上げられてから降ってきた火山灰や軽石の堆積物の特徴、つまり火山灰や軽石の粒の大きさがよくそろっており、大きなものはあまり遠くまで飛んでいかないという特徴に比べて、大きく違っていま

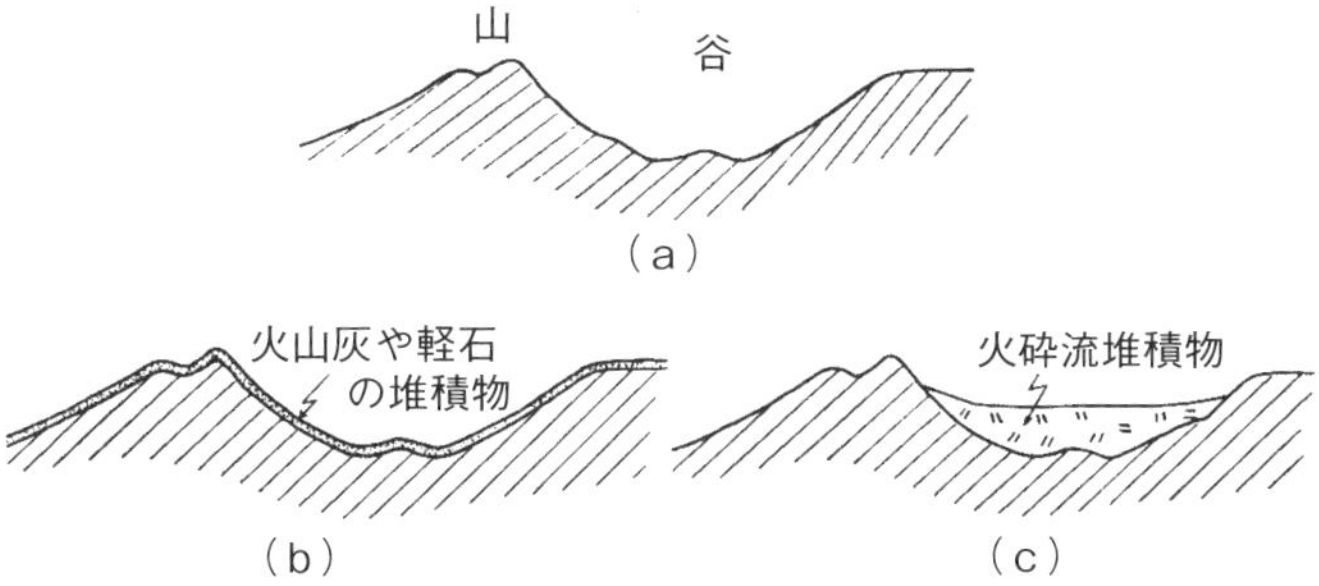

図19　火山噴出物の堆積のしかた（a）はもとの地表面

す。また、火山灰や軽石が降ってくる場合、雪のように、地形にきれいにそって分布しますが、火砕流の場合には、谷の低いところに分布するのが一般的です（図19）。

さらに、火砕流の堆積物をつくっている岩片は、ふつう一種類の岩石からできていることが多いようです。山崩れの堆積物も、火砕流の堆積物とよく似ていることがありますが、この場合には、いろいろな種類の岩石を含むことが多いので、区別できます。火砕流は、灼熱の雲となって流れるのですから、通り道にある森や林は破壊され、取り込まれた木片は蒸し焼きにされて、炭になってしまいます。一方、山崩れの堆積物は、低温で積もるため、含まれている木は炭になっていませ

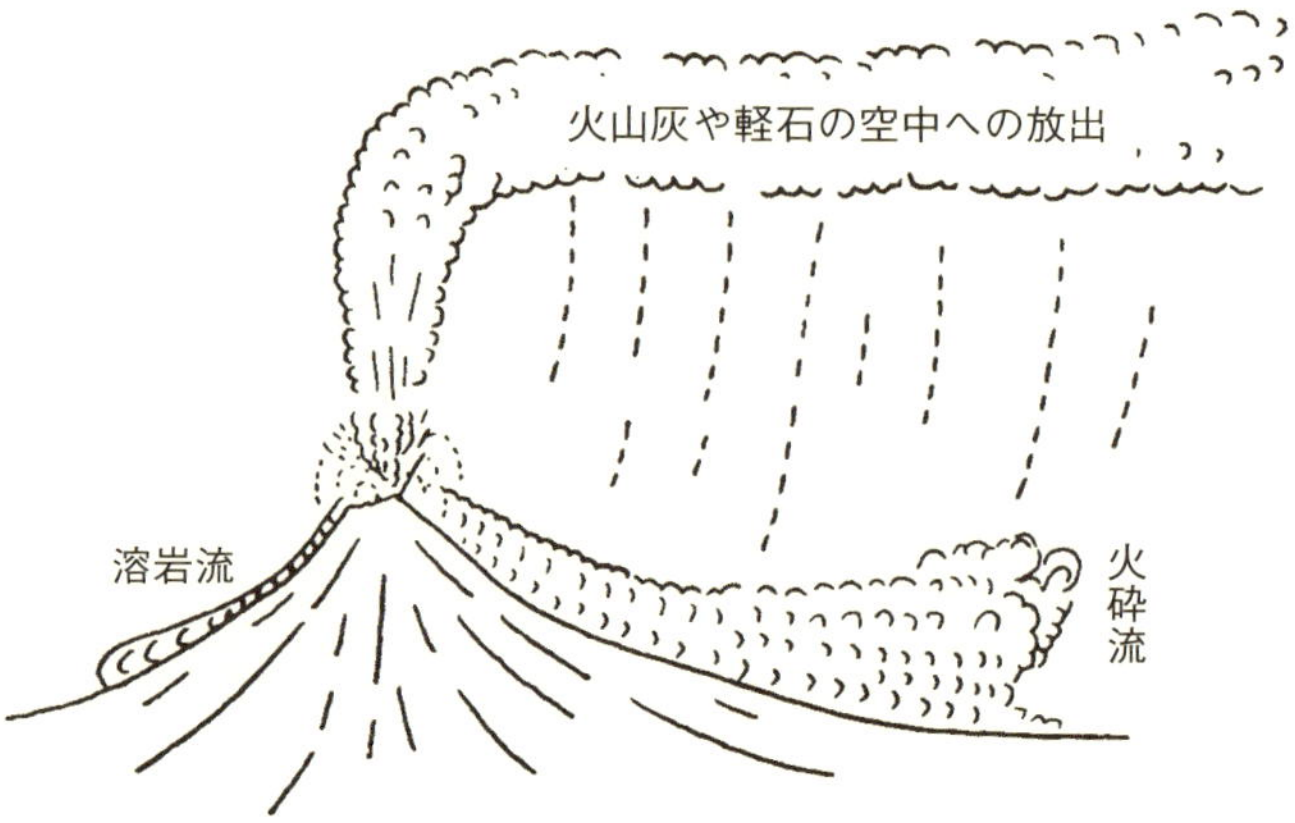

図20　噴火のいろいろ

ん。

さて、火山の噴火には、大きく分けて三種類あり（図20）それぞれが特徴のある堆積物を残すことがわかりました。これをもとに、もう一度、関山石の謎に挑戦してみることにしましょう。

三、五千年前の大噴火

関山石の正体

関山石は、妙高の噴火によって、マグマが噴出してできたものであることまではわかりましたが、まだいくつかの謎が残されていました。そのなかで最も大きな問題は、どのような噴火によって関山石ができたのかということです。

関山石の堆積物は、溶岩流のような一続きの岩盤ではなく、いろいろな大きさの岩片の集まりですから、溶岩をドロドロ流し出すタイプの噴火によってできたものでないことは確かです。したがって、残された二つのタイプの噴火のうちのどちらかということになります。火山灰や軽石などを空高く噴き上げるタイプの噴火だったのでしょうか。それとも、火砕流とよばれる灼熱のなだれを噴出するような噴火だったのでしょうか。

もし、前者のような噴火なら、堆積物は尾根の高いところにも谷底の低いところにも一様に分布しているはずです。また、岩片の大きさがよくそろい、火口から遠ざかるほど粒が小さくなっているはずです。ところが、関山石は、尾根の高いところにはなく、低いところにだけ分布しています。その上、どこでも岩片の大きさが不ぞろいで、妙高山から遠く離れたところでも、直径一メートル以上の大きな岩片が含まれています。このことから、関山石は、空高く噴き上げられ落下して積もったものではないことになります。

　残された可能性は、あと一つしかありません。そうです。関山石の堆積物は、火砕流の堆積物だったのです。妙高山の頂上付近から、これらの岩片や火山灰がガスと一緒に渦を巻いた熱い雲となって、猛烈なスピードで流れ下ってきたのでしょう。こう考えると、関山石の分布の状態や堆積物の特徴を、うまく説明することができるのです。関山石の堆積物の中にときどき見つかる木炭は、この熱雲に取り込まれた木が、高温のため蒸し焼きにされたものでした。

　これで、関山石の堆積物は、妙高火山の噴火によって噴出されたマグマが、火砕流とよばれる灼熱の雲となって流れ下り、それが堆積してできたものであることがわかりました。この火砕流の堆積物、すなわち関山石の堆積物は、妙高火山の東山麓を流れる大田切《おおたぎり》川《がわ》にそって厚く分布しているので、大田切川火砕流堆積物とよぶことにしましょう。

関山石の年代

　さて、関山石の謎は、これで全部解けてしまったかのように見えます。でも、一つのことがわかると、その次のことを知りたくなるものです。ある人は、妙高が噴火したことはわかったけれど、それは一体いつ頃のことだったのだろう、と考えるかもしれません。また、ある人は、そのときの火砕流の温度は何度くらいあったのか知りたいと思うかもしれません。さらに、妙高の噴火は、これ一回だけだったのだろうか、それとも何回も噴火したのだろうか、と疑問の輪が広がっていくことでしょう。

それでは、まず、関山石（大田切川火砕流）を噴出した妙高火山の噴火が、いつ起こったのか考えてみることにしましょう。年代を決めるには、いろいろな方法があります。その中で、だいたい五万年よりも新しい年代を決める場合には、生物の遺体（たとえば、木片・骨・貝殻のようなもの）に含まれている炭素を利用する方法がよく使われます。この方法は、放射性炭素法とよばれます。

この方法で年代を決めるためには、生物の遺体がないとできません。幸い、関山石の堆積物には、炭になった木片が含まれています。この木片をいくつか採集して、年代を測定してみたところ、およそ五千年前という年代がでました。この年代は、その木が死んだ年代、つまり火砕流に取り込まれた年代を示しています。したがって、妙高が噴火したのは、今からおよそ五千年前であったことになります。

火砕流の温度を推定する方法はいくつかあり、関山石についても研究がなされていますが、まだ、あまりはっきりしたことはわかっていません。しかし、数百度以上あったことは確実で、おそらく千度近くあったのではないかと思われます。火口の近くでは、火砕流が堆積した後に、高温のため、岩片や火山灰の一部が溶けてお互いにくっつきあう、溶結《ようけつ》という現象を見ることができます。

最後の大噴火

妙高火山の北東の山麓に、松ヶ峰というところがあります。ここは展望がよく、春はサクラがきれいで、ゴルフ場や遊園地もあるので、行ったことのある人も多いことでしょう。

この松ヶ峰一帯は、縄文《じょうもん》時代のいろいろな時期の遺跡がたくさんあることでも知られています。縄文時代とは、今からおよそ一万三千年前から紀元前二〜三世紀までの約一万年間、私たち日本人の祖先が縄文土器（図21）

図21　妙高山麓の縄文土器

を使っていた時代のことを指します。この時代の土器は、時期によって形や文様に特徴があり、石器や骨器に比べ、はるかに変化に富んでいます。そこで、縄文時代を、土器の形や文様の違いをもとにして、古い方から草創期・早期・前期・中期・後期・晩期の六つの時期に区分しています。この時代の人々は、血のつながりのある者が集まって一つの社会をつくり、石や骨・木などで作られた道具を使って狩猟をしたり、クリ・クルミ・トチ・ドングリなどの木の実を採ったりして生活していました。縄文時代の終わりごろには、すでに稲作も始まっていたようです。

話が少し横道にそれてしまいましたので、もとに戻しましょう。松ヶ峰には、縄文時代のいろいろな時期の遺跡がある、ということをお話しました。これら遺跡のあるところにも、関山石の層や関山石と同時期に噴出した火山灰の層が分布しています。そして、この関山石や火山灰の層は、縄文時代の中期の遺物を含む地層と後期の遺物を含む地層の間に、ちょうどサンドイッチのように挟まれているのが観察されます。つまり、関山石が噴出された時代は、縄文時代の中期と後期の間のころであったということになります。最新の研究では、縄文時代中期末〜後期初頭の間のある時期ということがわかっています。

関山石やそれに伴う火山灰の層の下には、ふつう三十センチほどの厚さの黒土の層があります（図22）。黒土は、植物などの分解し

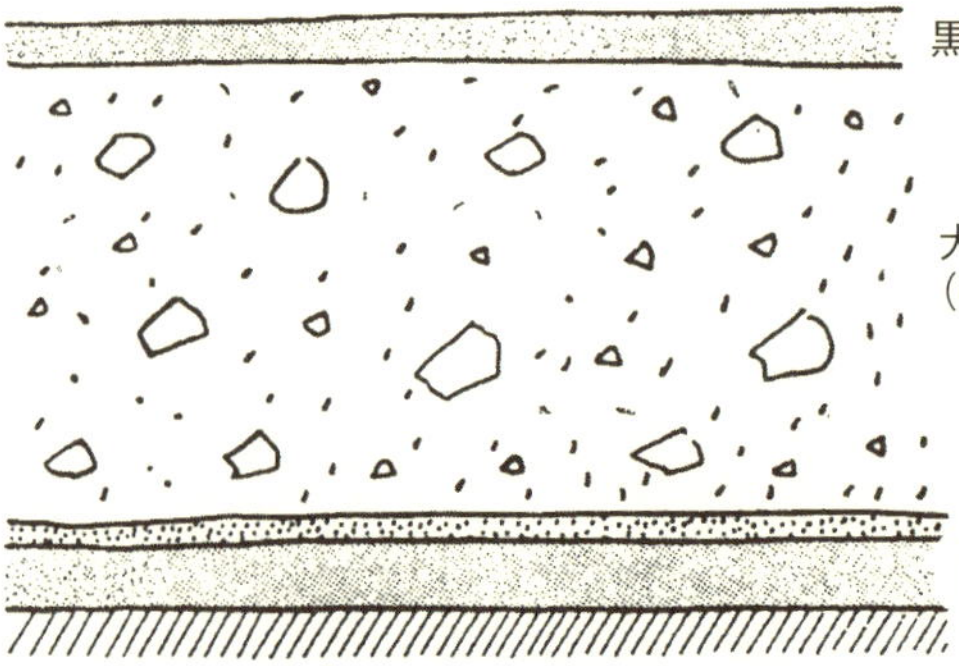

図22　大田切川火砕流堆積物の断面

たものが、風で飛ばされてきた砂ぼこりなどと混じって、少しずつたまっていくもので、火山活動が穏やかな時期の堆積物であるといえます。したがって、関山石が噴出される前には、妙高は長いこと大きな噴火がなく、山麓の松ヶ峰付近には草木が生い茂っていた、ということがわかります。

一方、関山石の層のすぐ上にも、黒土が重なっており、地表まで黒土がたまっています。この黒土の層の中には、明瞭な妙高の噴出物は見あたりません。これはどういうことなのでしょうか。そうです。関山石を火砕流として噴出したあと、妙高は、今日まで、大きな噴火をしていないのです。

関山石（大田切川火砕流）は、五千年前の

縄文時代中期末から後期初めの頃に起こった、妙高火山最後の大噴火によって噴出されたものだったのです。

緑の楽園

ここで、今までお話してきたことをもとに、妙高火山最後の大噴火の様子を、順を追ってみていくことにしましょう。SF小説の好きな人なら、タイムマシンという機械をご存じだと思います。過去へも未来へも、自由に時間を超えて旅行することができる乗り物です。そのような機械はまだできていませんが、夢の乗り物タイムマシンに乗ったつもりで、五千年前の妙高に旅をしてみることにしましょう。

今から五千年前の日本、時代は縄文時代中期から後期へ移ろうとする頃です。当時の気温は、現在よりも少し暖かであったようです。この時期の遺跡は、先にお話した松ヶ峰のほかにも、妙高の山麓にたくさん分布しており、兼俣遺跡や大貝遺跡などからは、竪穴式住居という当時の家の跡や、クリ・クルミなどをしまっておいた貯蔵穴が発見されています。したがって、私たちの祖先にあたる縄文人が、妙高山麓で活躍していたことは疑いありません（図23）。

妙高火山の東麓一帯は、一面緑の森林におおわれ、平和な日々が続いていたことでしょう。妙高火山は、現在とほとんど変わりない雄大な姿を西の空に浮かべ、その山麓には、

図23　上：縄文人の生活、下：妙高の里の縄文人

関川と矢代川が、現在と同じように悠々と流れていたはずです。妙高の南の方には、黒姫火山と飯縄火山が、やはり現在と同じようにそびえていました。

私たちの祖先縄文人は、鋭くとがった石を先端につけた槍や弓矢を使って、森の中で狩りをしたり、関川や矢代川で魚を捕ったりしていました。女の人は、毎日、木の実や草の芽を摘むことに精を出していたことでしょう。恋をささやく若いカップルもいたかもしれません。現在、若い女性の多くは、男性のカッコよさにひかれるといいます。縄文人の娘は、若者のどんなところにひかれていたのでしょうか。

さて、このように、妙高火山とその周辺は、平和な緑の楽園であったことでしょう。山麓に生活する縄文人の中にも、妙高が火を噴く山であることを知っている者は、おそらくいなかったにちがいありません。ところが、この楽園にも、運命の日が刻一刻と近づいていたのです。

運命の日

この平和を最初に破ったのは、大地を揺るがす恐ろしい地震と気味の悪い地鳴りであったかもしれません。地震とか地鳴りというものは、そのままの形で大地に記録されて残る、ということはありません、ですから、実際に目の前で起こった噴火のときの状況から推定する以外にないのです。

地震や地鳴りが何日か続いた後のこと、妙高の山頂付近から白い煙が上がりはじめました。煙の量は、日に日に多くなっていき、ときどき黒っぽい煙も吐くようになってきました。そんなある日、突然、ドカーンという耳をつんざく爆発音とともに、山頂から黒い煙が噴き上げられたのです。煙は、みるみるうちに空高く上り、やがて風に流されて東の方に広がってきました。地震や地鳴りですっかりおびえきっていた縄文人たちの恐怖は、この噴火で最高潮に達しました。今まで火山の噴火など見たこともなかった人々は、神の怒りを鎮めようと祈り続けたことでしょう。その彼らの上に、火山灰がパラパラと雪のように降り始めました。

妙高の方角では、まだ爆発音がとどろき、そのたびに新たな噴煙が立ち上っているようです。小さい子どもの中には、強い刺激臭のためか、それとも灰を吸い込んでしまったためか、激しくせき込んでいる者がいます。あたりは夜のように暗くなってきました。ときどき、雷でしょうか、それとも火柱のせいでしょうか、周りが一瞬パッと明るく輝きます。

どのくらいの時間がたったのでしょう。あたりは、セメントの粉をまき散らしたように、灰色の火山灰におおわれてしまっています。緑の楽園は、一面鉛色の世界と化してしまったのです。でも、ひとまず脅威は去ったかのようでした。人びとは、顔を見合わせ、互いの無事を喜び合いました。

　と、そのとき、ズーンと腹に響くような震動音が、周りの山やまにこだましました。そして、真っ黒な灼熱の雲が、まるで大砲から撃ちだされたかのように、東に向かって噴出されたのです。熱雲は、火花を散らしながら山腹を駆けおり、ものすごいスピードで、こちらに突進してくるではありませんか（図24）。もう祈りどころではありません。人びとは、あわてて家に飛び込んだり、物陰に隠れたりしました。しかし、運命の神は非情でした。あっという間もなく、むら全体が、あとかたもなく破壊され、熱い岩くずの下に埋もれてしまったのです。わずか数分の出来事でした。妙高の山麓は、一面、荒涼とした砂

図24　妙高の噴火と縄文人

漠と化し、あたりには、きなくさい臭いが立ち込めていました。

　五千年後、この同じ土地の上を、耕耘機がうなり、色とりどりの車が走り回ろうとは、誰が想像できたでしょうか。けれども、そのための準備は、まもなく始まったのです。風が運んだのか、荒れた大地の岩陰に、緑の小さな生命が芽生えました。やがて、草がおおい木が茂り、いつの日か、この土地にも再び活気がよみがえってくることでしょう。

　以上が、妙高火山最後の大噴火となった、大田切川火砕流の噴出に伴うドラマです。この噴火の起こった季節はいつなのか、また昼なのか夜なのかといったことについては、今のところよくわかっていません。しかし、冬でなかったことは確かです。それは火山灰が、雪の上にではなく地面の上に直接積もったことが判明していること、火砕流に伴って発生した火砕サージという爆風の堆積物が、落葉広葉樹の葉をたくさん取り込んでいることから推定されます。

第三章　二万年前の巨大な山津波

妙高火山の山麓に分布する関山石の謎を追って、ついに、妙高が五千年前に大噴火をした事実を突き止めました。そして、これが妙高最後の大噴火であり、それ以降は、目立った噴火をしていないことも知りました。

では、妙高の噴火は、五千年前の噴火一回きりだったのでしょうか。それとも、もっと昔に噴火したことがあるのでしょうか。これから、もっと古い時代の妙高のことを見ていきましょう。

山崩れの地層

五千年前よりも昔の妙高火山のことを知るには、どうしたらよいのでしょうか。そんな大昔では、もちろん文字もなく、したがって記録に残っているはずがありません。

でも、私たちは、関山石の層（地層）を詳しく調べることによって、五千年前の噴火の様子を、手に取るように知ることができました。関山石の層は、それができた当時の様子を詳しく記録していたのです。私たちは、その記録を読み取ることに成功しました。

これと同じように、もっと昔の妙高火山の様子は、関山石の層よりも古い地層、つまり関山石の層よりも下にある地層に記録されているはずです。そのような地層を探し出し、その記録を読み解くことができれば、大昔の妙高火山のことがわかるに違いありません。

妙高火山の東麓の斜面は、その東縁が数十メートルの断崖をなす関川の谷によって切られています。ところで、関川左岸にあたるこの崖の上の方には、関山石の層が重なって露出しているのが見えます。一方、崖の下の方には、大小の火山岩の岩片からできた褐色がかった層が出ています。この地層は、関山石の層より下にありますから、これを調べることによって、五千年前より昔のことがわかるかもしれません。

この地層は、大小さまざまな角ばった火山岩の岩片と、その間を埋めている砂状の岩粉からできており、前にお話しした関山石の層の特徴と、たいへんよく似ています（図25）。このことから、この地層も、火砕流と似たような流れ方をしてできた岩片が堆積してできたものと思われます。では、火砕流の堆積物

図25　山崩れの堆積物

なのでしょうか。どうもそうではないようです。というのは、火砕流の場合、一種類の岩石からできているのが普通ですが、この地層をつくっている岩石には、いろいろな種類の岩石が見られるのです。

しかも、おもしろいことには、これらの岩石は、妙高山の外輪山をつくっている岩石と全く同じものなのです。神奈山《かんなさん》や前山《まえやま》をつくっている溶岩の岩片もあれば、登山道の「胸突き八丁《むなつきはっちょう》」と呼ばれる所に出ている黒い溶岩のかけらもあります。つまり、この地層は、妙高火山の外輪山をつくっている地層と同じ岩石のかけらからできていて、しかも火砕流のように流れてきてたまったもの、ということになります。

このことを説明するためには、妙高火山の上の部分が山崩れを起こし、山津波となって流れ下ってきた、と考える以外にありません、事実、この地層の分布を調べてみると、関山石の層とよく似た分布をしており、妙高の山崩れによってできたものであることは疑いありません。

この地層の中からは、よく大小の木片が見つかります。電柱ほどもある大きな木が見つかることも、まれではありません（図26）。これらの木片の多くは腐っていて、中にはすっかり腐ってしまい、地層の中に円柱状の穴だけが残っているものもあります。

関山石の層の中にあった木片は、すべて炭になっていましたが、この地層の中の木片に

図26　岩屑なだれ堆積物に含まれている木

は、炭になっているものが見あたりません。このことは、この地層ができるときに、木片が炭になるほど高温ではなかったことを示しています。この事実も、この地層が火砕流のような熱いマグマの破片が流れてきて堆積したものではなく、山崩れによってできたことの一つの証拠になるでしょう。

山崩れによってできたこの地層の体積を計算してみると、約一・四立方キロメートル、なんと東京ドーム千百個分にもなります。ですから、山崩れといっても、ものすごく規模の大きいものであったことがわかります。

目撃された巨大崩壊

このような大規模な山崩れとは、いったい

どのようなものなのでしょうか。ごくまれにしか起こらない現象であるため、その堆積物やメカニズムの研究が進んだのは、まだ最近のことです。そのきっかけをつくってくれたのは、アメリカ・ワシントン州のカスケード山脈の一角にあるセントヘレンズという火山です。

セントヘレンズは、標高二九五〇メートルで、富士山によく似たとても美しい火山でした。この火山は、一八三一年から一八五七年にかけての一連の噴火以降、ずっと沈黙を守っていましたが、一九八〇年に入って、百二十三年ぶりに活動を始めました。研究者たちは、精密な観測態勢をしいて活動の推移を見守り、噴火の一部始終を観測することに成功しました。

それによると、一九八〇年のセントヘレンズの活動は、粘り気の大きいマグマが地下深部から上昇し、火山体の中へ入り込んできたことから始まったようです。粘っこく流れにくいマグマが無理やり通路を開いて上昇してきたために、マグマ周辺の岩石は破壊され、火山性の地震が頻発しました。

同時に、山頂に近い火山体の北斜面が下から突き上げられるように膨らみ始め、最終的には、もとの斜面が百二十メートル以上も持ち上げられたかっこうになりました。この間、噴火としては小規模な水蒸気爆発が見られただけで、特別に大きな異変はありませんでした。水蒸気爆発とは、マグマそのものは外に出ないで、ガス（大部分は水蒸気）だけが爆発的に噴出される噴火のことです。ところが、このあと、誰もが考えてみなかった天変地異が起こったのです。

最初に地震が観測されてから五十九日目の五月十八日、火山体内部で発生したマグニチュード五・一という大きな地震をきっかけとして、膨らんでいた山頂火口の北側全体が一つの巨大な塊としてすべり落ち、次の瞬間には、想像を絶する大規模な岩のなだれとなって、山麓へ流れ下っていったのです（図27）。岩なだれは、山頂から二十八キロメートル、高度差にして二千六百メートルを、十分もかからずに流走し、六十平方キロメートルの地域を、平均四十五メートル、最大二百メートルの厚さでおおったのです。その体積は、なんと二・八立方キロメートルと計算されています。

この大崩壊によって、上昇中だったマグマ柱の頭部も断ち切られてしまいました。その

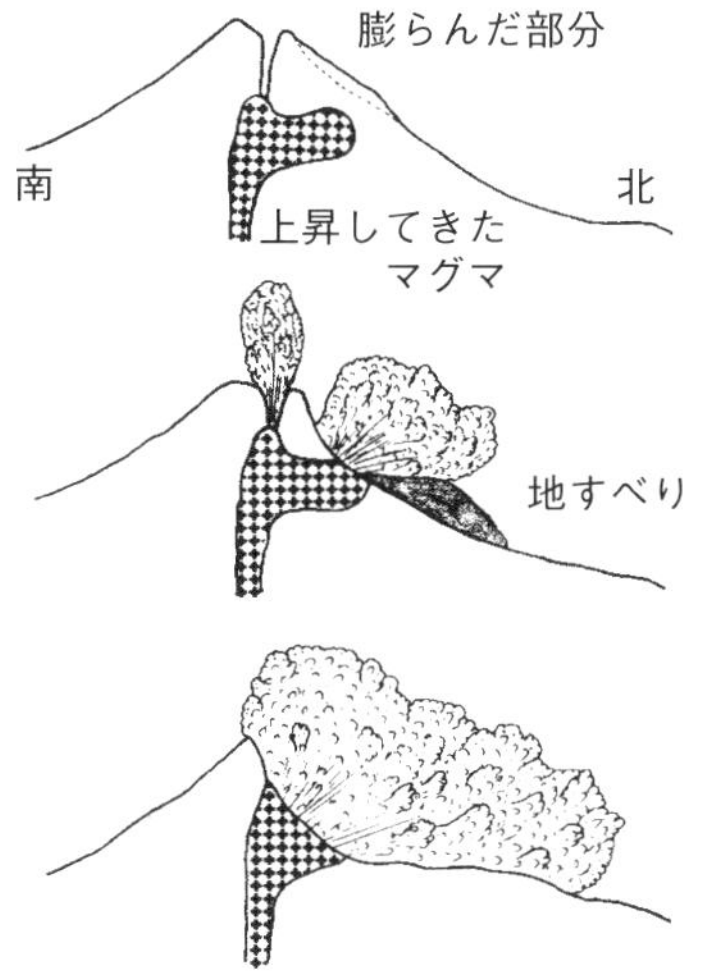

図27　セントヘレンズ火山の巨大崩壊

ため、急激に圧力が下がって、崩壊とほとんど同時に大爆発が引き起こされ、その噴煙は成層圏にまで達したのです。このとき、ブラストとよばれる高速（最大秒速百メートル）の砂礫《されき》まじりの爆風も発生しました。ブラストは、先を流れ下っていた岩なだれを追い越し、五百平方キロメートルの地域にわたって、森林を破壊してしまいました。直径が一〜二メートルもあるような大木が、まるで強風の後のススキや稲穂のようになぎ倒されてしまったのです。

このときの噴火では、一人の火山研究者を含む六十人ほどの人が犠牲になりました。噴火のあることが予知され、立ち入り禁止処置がとられていたのですが、予想をはるかに超えたことが起こってしまったというわけです。

大崩壊とそれに続く激しい爆発的噴火のあと、山頂部には、直径二×三キロメートル、旧山頂からの深さ千四十メートルの馬てい形（U字形）をしたくぼ地が残されました（図28）。このような、火山の山頂部にある大きなくぼ地をカルデラとよぶことは、前にもお話しした通りです。カルデラには、セントヘレンズのように山頂部が崩壊してできるものと、阿蘇山のように陥没してできるものとがあります（図29）。

セントヘレンズの大崩壊は、火山の大規模崩壊が研究者によって目撃された唯一の例ですが、似たようなことが実は日本にもあったのです。福島県の磐梯山《ばんだいさん》という山をご存じでしょうか。「会津ばんだい山は、宝の山よ…」と、民謡に歌われているあの磐梯山です。

この磐梯山も、明治二十一（一八八八）年に、水蒸気爆発に伴って突然大崩壊を起こし、猛烈な岩なだれとなって山麓に流れ下りました。そして、いくつもの集落を飲み込み、四百六十一人もの死者を出しています、現在、観光地としてにぎわっている裏磐梯の檜原湖《ひばらこ》・小野川湖《おのがわこ》・秋元湖《あきもとこ》などの湖は、このときの岩なだれによって、谷川がせき止められてできたものなのです。崩壊した跡に

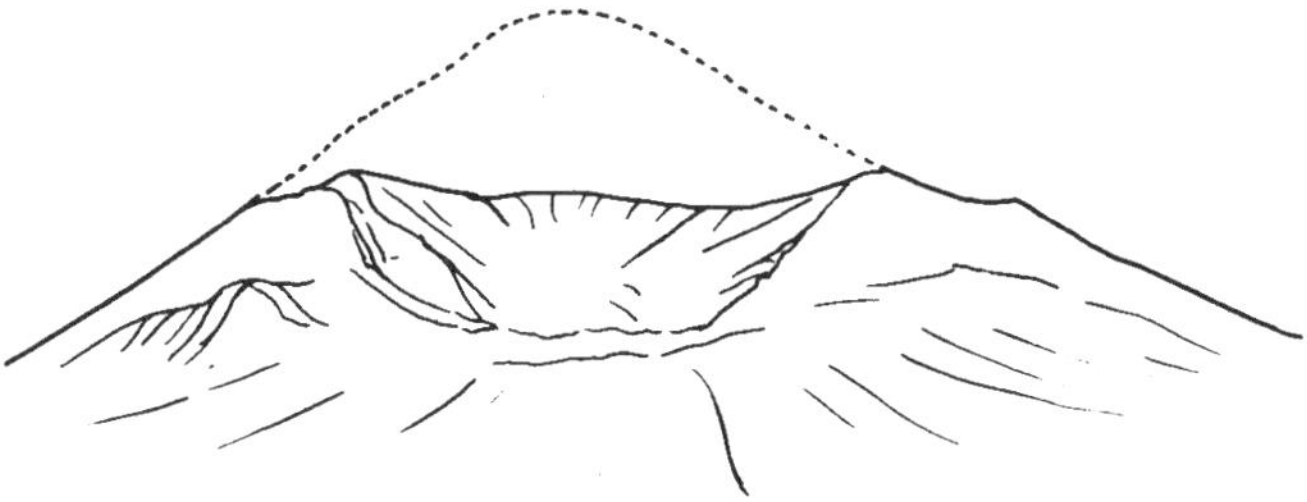

図28　セントヘレンズの崩壊前（点線）と崩壊後

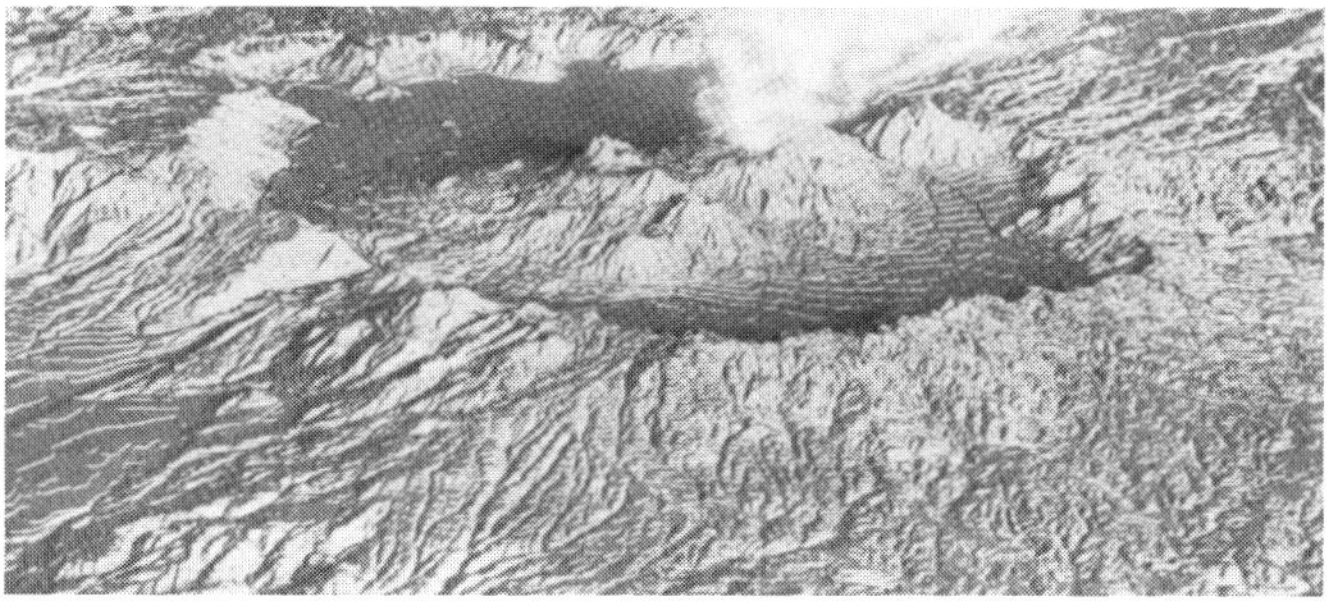

図29　阿蘇カルデラの立体模型

は、やはり直径二キロメートルほどの馬てい形のカルデラができています（図30）。

古墳と間違われていた「流れ山」

セントヘレンズや磐梯山で目撃された岩なだれは、今日では、岩屑《がんせつ》なだれという言葉でよばれています。岩屑なだれとは、噴火や地震などが引き金となって山体が崩壊し、急速にすべり落ちる現象で、大小の岩片や岩粉が気体と混じり合って、まさになだれのように高速で斜面を流れ下ります。泥流や土石流とは違い、水は必要ありません。

セントヘレンズの噴火をきっかけとして、岩屑なだれの堆積物も詳しく研究されるようになりました。その結果、火砕流や泥流・土

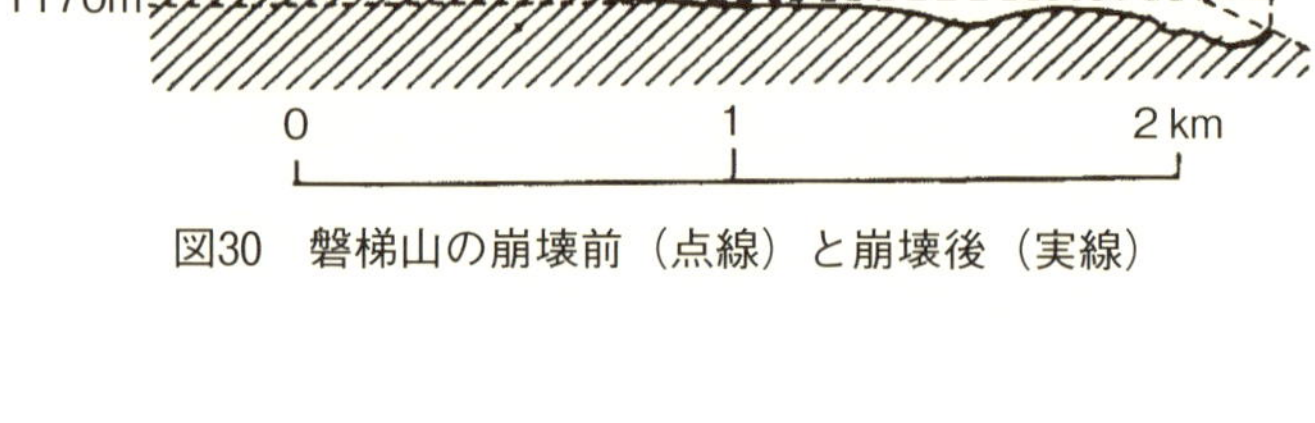

図30　磐梯山の崩壊前（点線）と崩壊後（実線）

石流などの堆積物とも、はっきり区別ができるようになっています。先に述べた妙高の山崩れの堆積物は、セントヘレンズや磐梯山の岩屑なだれの堆積物と大変よく似ており、岩屑なだれの堆積物であることを示していま す。この堆積物は、関川にそった地域でよく見られますので、関川岩屑なだれ堆積物とよぶことにしましょう。

妙高火山でも、かつて、おそらく爆発的噴火に伴って山体が大崩壊を起こし、崩壊した部分は大規模な岩屑なだれとなって山麓へ流れ下ったのでしょう。そして、その山麓にある全てのものを破壊し、埋めつくしてしまったことでしょう。

ところで、岩屑なだれの堆積物は、その表面に「流れ山」という大小の丘をたくさんつくることが知られています。山体をつくっていた地層は、崩壊に伴いあるいは流れ下っている間に粉砕されて、多くは小さな岩片になってしまいます。しかし、中には巨大なブロックのまま流れに浮かんで運ばれてくるものもあります。そのような巨大なブロックが周りよりも突出して堆積し、丘となったものが流れ山です。

妙高の北東山麓にあたる原通《はらどおり》地域には、直径数メートルから大きいもので百十メートル、高さ数メートルの丘が、三十六個ほど認められます。これらの丘群は、以前、新潟県下最大の前方後円墳を含む古墳群とされ、「原通古墳群」として新潟県の指定史跡にさ

図31　古墳と間違われていた流れ山

れていました。しかし、その後、これらの丘は関川岩屑なだれによってつくられた流れ山であることが判明し、古墳をめぐるロマンは、幻と消えてしまうことになったのです。なんとも人騒がせな岩屑なだれではあります（図31）。

氷河時代

さて、妙高が、かつて巨大な山崩れを起こしていた事実をつき止めました。では、それはいつのことだったのでしょう。山崩れでできた地層（関川岩屑なだれの堆積物）は、五千年前の関山石の層より下にありましたので、五千年前より古い出来事であったことは確かです。

　私たちは、木片を利用して年代を測る方法を、すでに知っています。幸い、この山崩れの地層には、木片がたくさん含まれていますので、これを使って年代を測定することができます。このようにして得られた年代は、今からおよそ二万年前という値を示しました。つまり、妙高山が山崩れを起こしたのは、今から二万年も前のことだったのです。

　関山石が噴出されたころの日本は、今より少し暖かで、縄文人が石器や土器を使って生活していました。では、二万年前というのは、いったいどんな時代だったのでしょう。

　みなさんは、万年雪という言葉をご存じだと思います。高い山などにある、一年中解けないで残っている雪のことです。妙高の近くでも、火打山《ひうちやま》の周辺の谷に、小規模ですが認められます。ところで、この万年雪が厚く積もると、下の方の雪は氷となって、やがて低い方へ向かってゆっくりと流れはじめます。これを氷の河、すなわち氷河《ひょうが》とよびます。

　このような氷河は、現在でも、アルプスやヒマラヤなどの高い山に、たくさん見られます（図32）。アルプスでは、一日に数十センチから二メートルくらいの速さで流れている、といわれています。そして、標高の低い温暖なところまで流れてくると、先端が解けてしまい、それより下流では水となって流れるのです。このような高い山にある氷河を、山岳氷河《さんがくひょうが》といいます。

　氷河は、高い山ばかりにあるのではありま

図32　アルプスの氷河

図33　南極の氷山

せん。南極大陸や北極に近いグリーンランドは、陸地の大部分が厚い氷でおおわれています。南極の氷は、厚いところでは四千メートル以上もあるといわれています。南極の海にプッカリ浮かんでいる氷山《ひょうざん》は、南極大陸をおおっていた氷が、氷河となって海へ押し出されたなれの果ての姿です（図33）。このような大陸をおおっている氷河を、大陸氷河とよんでいます。

氷河は、流れるときに、その底や側方にある岩盤を無理やり削りとっていき、削りとられた岩片や土砂は、氷河とともに運ばれていきます。そして、氷河が解けると、運ばれてきた岩片や土砂は、その場所にうず高く積もって丘をつくることになります。このようにしてできた丘のことを、モレーンといいます。また、山岳氷河の場合には、山頂に近いところの岩盤が削られて、アイスクリームをスプーンで削りとったような形のくぼ地をつくることがよくあります。このようなくぼ地のことをカールとよんでいます。氷河は、モレーンやカールのほかにも、岩盤につけた擦り傷である擦痕《さっこん》や、モレーンにせき止められてできた湖の地層なども残していきます。

このような氷河の残した証拠品をいろいろ調べてみると、現在では氷河の全く見られない地域にも、大昔には氷河の存在したことがわかってきました。それは、今から二百六十万年くらい前から一万年前くらいまでのことです。ヨーロッパや北米大陸の北部などにも、南極大陸と同様な大陸氷河が発達していた時期があり、その先端は、今の温帯地域にまで張り出していたこともありました。山岳氷河も、世界各地の山々に多数かかっていました。それで、この時代のことを、氷河時代とよんでいます。

氷河時代といっても、この間、ずっと寒い気候が続いていたというわけではなく、より寒冷な氷期《ひょうき》（氷河期）とより温暖な間氷期《かんぴょうき》とが、交互にくり返されていたことがわかっています。ここ七十万年の間でさえも、それぞれ七~九回の氷期と間氷期のくり返しが認められています。最後の寒い時期は、七、八万年前から一万年前の間で、ヴュルム氷期という名でよばれています。ちなみに、一万年前以降現在までは、実質的には間氷期に相当する時期にあたっている、とみてよいでしょう。

妙高が大きな山崩れを起こし、岩屑なだれを発生させた二万年前というのは、ヴュルム氷期の中でも、いちばん寒かった時期にあたります。当時の日本は、今よりずっと寒く、夏の平均気温が現在より七~八度は低かったといわれています。当時の新潟県の地域は、年間を通じ、今の北海道の札幌《さっぽろ》や稚内《わっかない》くらいの気候であったことになります。

この時代、日本では標高の低い所にまで氷河があったという証拠はありませんが、日本アルプスや日高《ひだか》山脈には、山岳氷河がたくさんかかっていました。*今の日本には、明瞭

図34　北アルプスの氷河地形（天狗原から槍沢）

な氷河は存在しません。しかし、これらの山々に残っているかつての氷河の落とし子、カールやモレーンから、当時の様子をしのぶことができます（図34）。

ところで、当時、日本には人間が住んでいたのでしょうか。もし、いたとしたら、彼らはどのような生活をしていたのでしょう。

＊最近、北アルプス立山連峰の雄山東斜面の沢に、小規模な氷河のあることが確認されました。

野尻湖の発掘

以前、縄文時代より前には、日本には人間が住んでいなかった、と考えられていました。ところが、昭和二十四（一九四九）年に、群馬県の岩宿《いわじゅく》というところで、縄文時代よりも古い石器が発見されました。この発見がきっかけとなって、日本の各地から、次々に古い時代の遺跡が発見されました（図35）。今では、何万年も前から日本に人間が住んでいた、ということが確実になっています。この時代は旧石器《きゅうせっき》時代とよばれ、土器はまだ発明されていませんでした。

では、妙高火山が大きな山崩れを起こした二万年前ころ、妙高の周辺にも人間が生活していたのでしょうか。それには、この本のはじめのところで触れた、野尻湖《のじりこ》の発掘についてお話しなくてはなりません。

野尻湖は、長野県の北の端、新潟県との県境近くにある美しい湖です。この野尻湖畔で旅館を経営していた加藤松之助さんという人

図35　妙高山麓で見つかった旧石器

が、昭和二十三（一九四八）年のある日、湖畔を散歩しているときに、偶然、湯たんぽのような石のかたまりを見つけました。これは、後に京都大学の槙山《まきやま》次郎《じろう》先生によって、ナウマン象という大昔の象の歯の化石であることが明らかにされました。

化石を研究する場合、単に名前を知るだけでなく、その化石がどの地層の中にどのように埋もれていたかを知ることも大切になってきます。というのは、地層は、化石となった動物や植物が、いつの時代に、どのような環境のもとで生きていたのか、ということを知る手がかりを与えてくれるからです。ところが、野尻湖で見つかったナウマン象の歯の化石は、いったいどの地層から出てきたものなのか、長い間よくわかりませんでした。それで、この化石がどの地層から出てきたものなのか、掘って確かめてみよう、ということになったのです。こうして、昭和三十七（一九六二）年から今までに、何回も発掘が行われてきました。

この発掘を通して、ナウマン象の歯や骨の化石が、野尻湖層とよばれる地層の中にたくさん埋もれていること、年代はおよそ五万年前から四万年前ころであること、などがわかってきました。また、ナウマン象と一緒に、ヤベオオツノシカやヒグマの化石も発見されました。ヤベオオツノシカというのは、シカの仲間で、トナカイのように寒い地方に住んでいた動物です。これらの動物化石とともに、植物の葉や実、それに花粉の化石も、たくさん見つかりました。これらは、トウヒ・モミ・カラマツ・スギ・ツガ・ハンノキ・シラカンバ・ブナなどで、現在の野尻湖よりも、もっと寒い地方に多く見られる植物です。

この発掘が行われるまでは、ナウマン象は暖かい南方系の象である、と考えられていました。しかし、この発掘によって、野尻湖のナウマン象はヴュルム氷期という寒い時代に生きていたことが明らかにされ、また、実際に寒い地方の動物や植物の化石と一緒に掘り出されたため、前の説を改めなくてはいけなくなりました。

この発掘では、さらに重要な事実が明らか

になりました。ナウマン象やヤベオオツノシカなどの化石に混じって、人間が使った道具である旧石器や骨器が発見されたのです。ナウマン象の骨で作った、クリーバー（なた状の刃物）とよばれる見事な骨器も見つかっています。また、ナウマン象などを捕って解体した場所（キルサイト）ではないかとみられる跡も見つかりました。つまり、この時代に、野尻湖周辺には、すでに人間が生活していたことになります。しかも、彼らは、ナウマン象やヤベオオツノシカを狩って生活していたのです（図36）。

野尻湖の旧石器人たちは、ナウマン象やヤベオオツノシカが絶滅してからも、ずっとその土地に住み着いていたことがわかっていま

図36　ナウマン象と野尻湖人

す。野尻湖は、彼らにとって、とても生活しやすい土地だったのでしょう。

さて、妙高火山が山崩れを起こした二万年前、地球はヴュルム氷期という寒い時期にあたっていました。日本も、今よりずっと寒く、日本アルプスや日高山脈には、たくさんの氷河がかかっていたこともわかりました。野尻湖は、その静かな湖面に、妙高の姿を映していたことでしょう。湖の周辺には針葉樹が生い茂っていました。ナウマン象やヤベオオツノシカはすでに姿を消していましたが、湖面には、獲物を追う野尻湖人の姿も映っていたはずです。

第四章　山崩れ前後の妙高

中央火口丘の建設

これまで、妙高火山の二つの大きな事件を中心に話を進めてきました。五千年前の最後の大噴火と、二万年前の巨大な山崩れの二つです。

この二つの大きな事件の間、妙高はどうしていたのでしょう。静かに眠っていたのでしょうか。いいえ、この間、妙高はもう一仕事やっているのです。それは、赤倉山《あかくらやま》・三田《みた》原山《はらやま》・大倉山《おおくらやま》・神奈山《かんなさん》・前山《まえやま》などの外輪山に囲まれた中央の最も高い山、中央火口丘である妙高山の建築という大仕事です（図37）。

どうして、そのようなことがわかるのでしょうか。それは、中央火口丘をつくってい

図37　中央火口丘の妙高山

る噴出物が、二万年前の山崩れによってできた岩屑なだれ堆積物の上に重なっており、また、五千年前の火砕流の堆積物である関山石の層におおわれているからです。このような地層の重なりは、山崩れが起こった後で中央火口丘ができ、さらにその後で火砕流が噴出された、という順序を私たちに教えてくれるのです（図38）。

中央火口丘である妙高山ができる前の妙高火山は、今とはまるで違った姿をしていました。山の中央部は、現在の外輪山に囲まれた大きなくぼ地（カルデラ）となっており、ちょうど、今のセントヘレンズによく似た姿をしていたことでしょう。

そのくぼ地の真ん中で、ある日、噴火が始

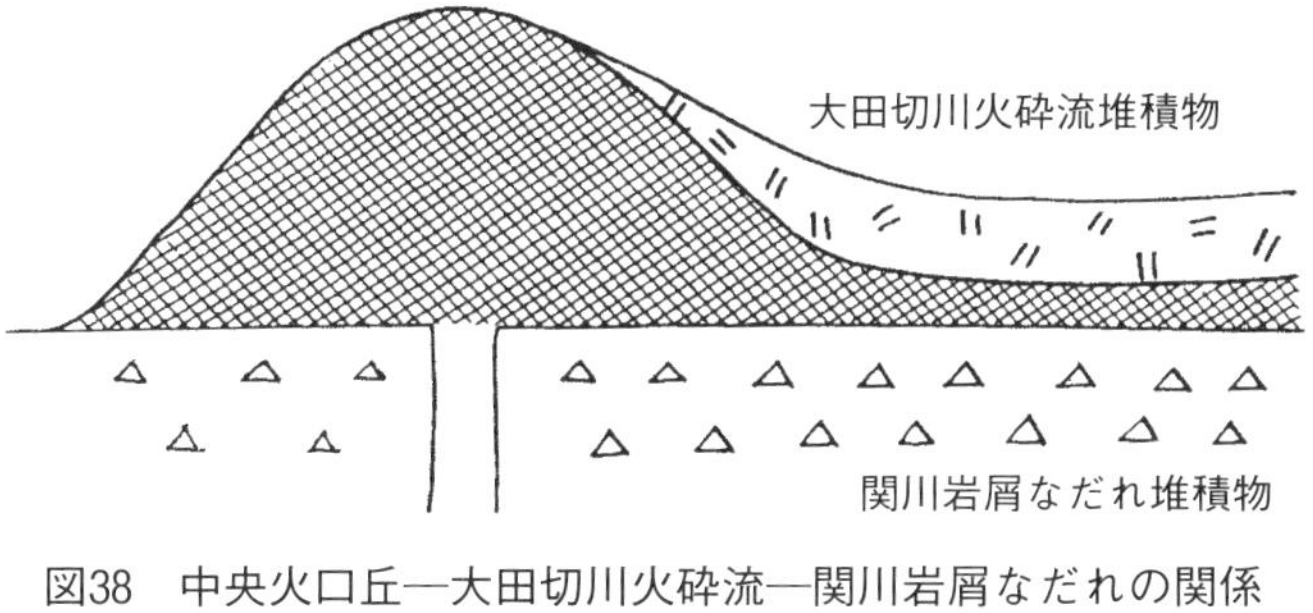

図38　中央火口丘—大田切川火砕流—関川岩屑なだれの関係

まったのです。初め、火山灰や噴石を空高く放出したり、火砕流や火砕サージを噴出したりして、くぼ地の真ん中に小高い丘をつくりました。そして、次に溶岩を流し出しました。ところが、この溶岩は、とても粘り気が大きかったために遠くまで流れていくことができず、火口の周りに厚くたまって、今日見るような高い山をつくったのです。

この一連の噴火、とくにその前半の噴火は非常に激しいもので、五千年前の関山石を噴出したときの噴火を、はるかに上回るものでした。このとき、くり返し噴出された火山灰（赤倉《あかくら》火山灰）や火砕流（赤倉火砕流）は、妙高の東方の山麓を広くおおっており、火山灰の一部は、妙高から百キロメートル以上も離れた尾瀬ケ原《おぜがはら》や会津駒ケ岳《あいづこまがたけ》でも発見されています。燕《つばめ》温泉の惣滝《そうたき》をつくっている溶岩（燕溶岩流）も、この一連の噴火に伴って流出したものです。

中央火口丘をつくったこの大噴火は、今から約六千年前、縄文時代前期の終わりごろに起こったことがわかっています。

まぼろしの湖

妙高の中で最も高いところにある温泉で、登山基地としても利用されている燕温泉から、黒沢《くろさわ》池へのコースをとって二時間余り、登山者の目に美しい湿原の景観が飛び込んできます。そこは、標高二一〇〇メートル、妙高のオアシスとして知られる長助《ちょうすけ》池です（図

39)。湿原に点在する大小さまざまな池が、ミズバショウやハクサンコザクラ、ワタスゲなどの高山植物とともに、登山者の心を癒してくれます（図40)。

この長助という池の名は、明治の中ごろから昭和の初めにかけて、山が好きで妙高の主《ぬし》のような存在であった、岡田長助という人の名前をとったものといわれています。この人は、火打山《ひうちやま》への登山道である火打山新道を切り開いた人としても知られています

この長助池の湿原が、その昔、満々と水をたたえていた一つの湖であったと聞いたら、驚く人もいるでしょう。でも、この湿原の底の方には、その湖にたまった地層が広く分布しているのです。この湖の地層は、中央火口

図39　長助池の湿原

図40　高山植物のキヌガサソウ

丘の噴出物の上に重なっています。カルデラの中に中央火口丘ができたために、カルデラの崖と中央火口丘とにはさまれた部分に水がたまり、湖ができたのでしょう。

ところで、大田切川上流の北地獄谷の源流部に、やはり、湖の底にたまった地層が顔をのぞかせています。以前は、白田切川上流の南地獄谷の源流部にも、同じような地層が露出していました。カルデラ内の二カ所で見つかったこれら湖の地層は、ともに標高一九〇〇メートルの同じ高さのところに、水平にたまっています。厚さは、十メートル以上もあり、しかも、すべて泥や砂からできていて、深い湖の底にたまったと思われるものです。

二カ所で見つかった湖の地層は、その特徴

がとてもよく似ています。しかも、ともに大きな湖の堆積物であると考えられるものです。さらに、両者は、カルデラ内の同じ高さのところにあります。そして、中央火口丘の噴出物におおわれています。これらのことから、二つの地層は、中央火口丘ができる前、カルデラ内にあった一つの大きな湖にたまったものではないか、と考えることができます。もともと一続きの地層なのですが、中央火口丘におおわれて、今たまたま二つの地点で地表に顔を出しているらしいのです。

では、その湖があった時期は、いつなのでしょう。中央火口丘ができる前であったことは、はっきりしています。では、二万年前の山崩れの前なのでしょうか、それとも後なのでしょうか。

山崩れによってカルデラができ、その中に水のたまった可能性は確かにあります。しかし、山崩れによってできたカルデラは、東の方の壁がとても低かったはずですので、十分な量の水をたたえられなかったのではないか、とも考えられるのです。では、山崩れの前に、すでに湖ができていたのでしょうか。もしそうであるなら、山が崩れる前に、妙高の山頂部には、すでに大きなくぼ地、つまり大きな火口かカルデラができていたことになります。

この答えは、今のところ、よくわからないのです。湖の地層の露出が極めて限られており、地層自身の性格や周りの地層との関係

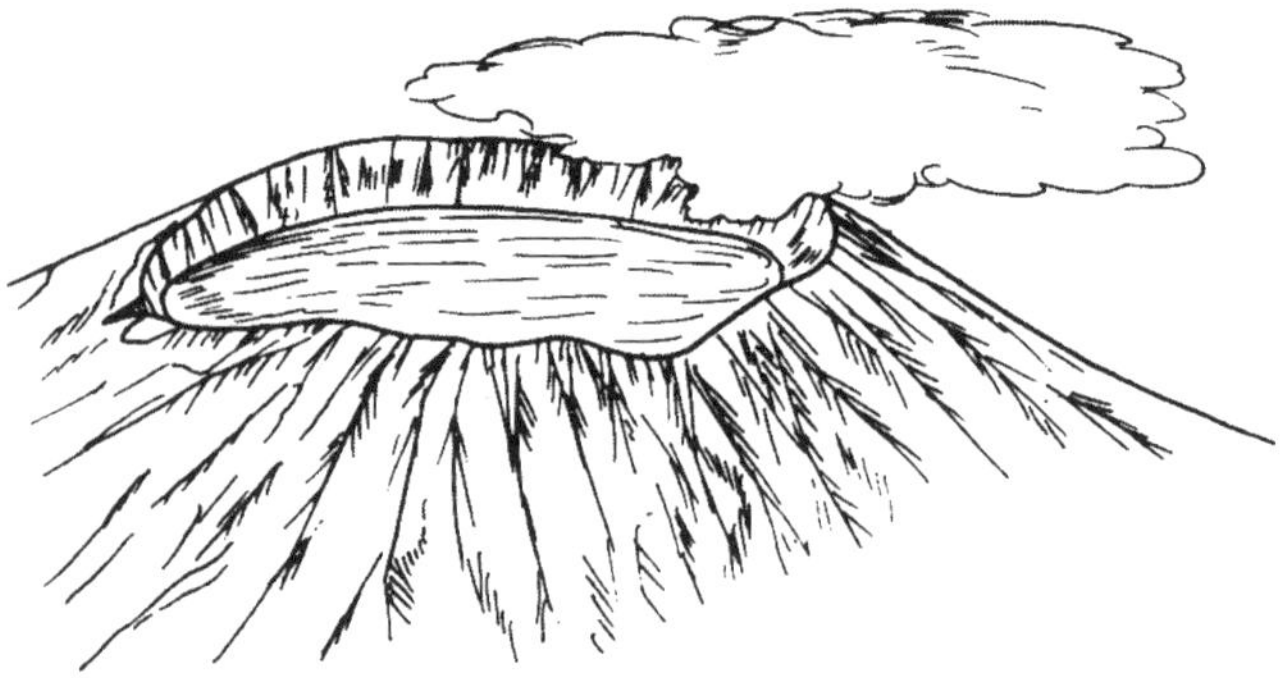

図41　まぼろしの湖

が、今ひとつはっきりしないためです。今、妙高山頂で満々と青い水をたたえたまぼろしの湖が、私の頭の中で、浮かんでは消えているのです（図41）。

三千メートルもあった妙高火山

二万年前、妙高の山頂部が崩壊し、そこに東に開いた馬てい形のカルデラができたことは、すでにお話しました。では、崩壊が起こる前の妙高は、どのくらい高かったのでしょう。また、どんな姿をしていたのでしょう。

外輪山の三田原山・大倉山・前山の山頂付近と、これらの山々から山麓に向かってなだらかに続いている斜面には、黒っぽい色をした溶岩や火山弾などの噴出物が層をなして分布しています。これらの噴出物は、山崩れよりずっと前のほぼ同じ時期に噴出されたものです。いずれも、あまり浸食が進んでおらず、堆積した当時の状態をよくとどめています。そのため、その傾き具合などを利用して、この噴出物が堆積した直後の、妙高火山の姿を推定することができます。

大昔の恐竜《きょうりゅう》の絵を、一度は何かの本で、ごらんになったことがあるでしょう（図42）。アパトサウルスという三十メートルもあるような恐竜や、二本足で立ち上がって、草食恐竜に襲いかかる恐ろしいティラノサウルスなどが、まるで見てきたように、生き生きと描かれていましたね。

これらの恐竜は、中生代《ちゅうせいだい》といって、二億五

図42　恐　竜

千万年から六千五百万年も前に栄えた爬虫《はちゅう》類の仲間で、今では見ることができません。では、本に載っていた絵は、人がかってに想像して描いたのでしょうか。決してそうではありません。恐竜は、ずっと昔に死に絶えてしまいましたが、それらの骨や歯は、化石となって残っています。これらの化石を掘り起こして、骨をつなぎ合わせ、肉や皮がどのように付いていたかを考えて、生きていた当時の姿を再現するのです。これを復元《ふくげん》といっています。

これと同じように、断片的に残されている噴出物を利用して、昔の妙高火山の姿を復元することができます。このようにして、噴出物の積もった直後の妙高の姿を復元してみると、富士山によく似た円すい形の美しい火山体が出来上がりました（図43）。標高は、なんと三千メートル近くもあります。今の妙高は、二四五四メートルですから、当時の妙高は、今より五百メートルも高かったことになります。

富士山を東の方から眺めると、北の山腹に一つの出っぱりが見えます。この出っぱりは、小御岳《こみたけ》といって、富士山の下にある古い火山が頭を出しているものです。もし、当時の妙高火山の山麓に人間がいたら、彼らは、円すい形をした妙高火山の北東山腹に、小御岳と同じような出っぱりを見ることができたに違いありません。

このように、二万年前の山崩れの前から、

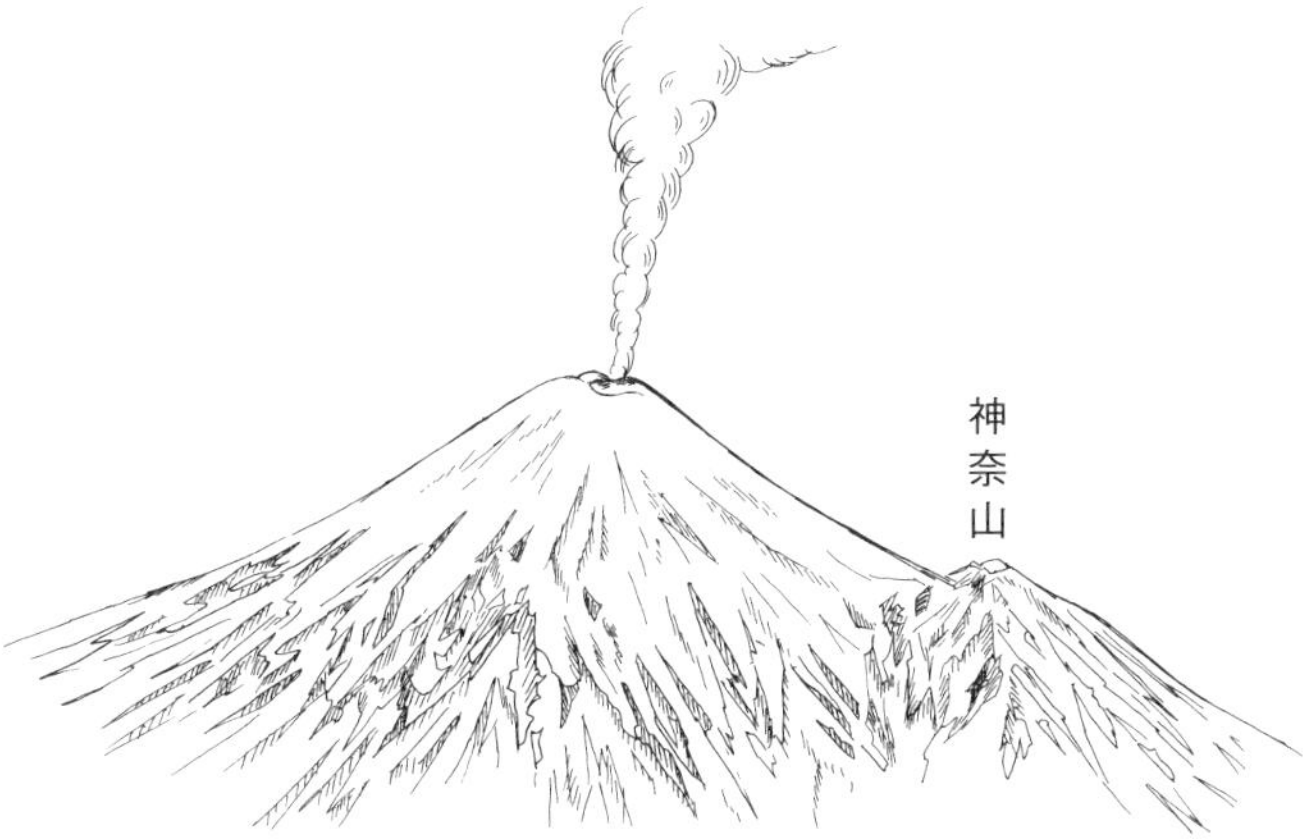

図43　復元された3000メートルの妙高

妙高は、すでに立派な火山として存在していたわけです。富士山によく似たこの美しい山体は、どのようにしてできたのでしょうか。この辺で、妙高火山全体のことにメスを入れてみることにしましょう。

第五章　妙高火山の一生

活動史の区分

妙高の生い立ちを調べる仕事は、まず、山や山麓をくまなく歩くことから始まります。そして、どのような地層が、どのように分布しているのかを調べます。これによって、それぞれの地層をつくったときの噴火の種類や規模などを知ることができるのです。

次に、地層の重なっている順序が問題になります。地層の重なっている順序は、地層がつくられた順番、つまり噴火の起こった順番を正確に教えてくれます。実は、これがいちばんたいへんな仕事で、一つ一つの崖を調査し、何十何百という地層のできた順番を決めていかなくてはなりません。

また、噴火が連続して起こったのか、あるいは二つの噴火の間に大きな時間的ギャップがあったのか、ということを読みとることも重要です。噴火が、あまり時間をおかずに連続して起こると、それぞれの噴出物は、ふつう、平行に近い連続的な地層となって積もります。逆に、上下二つの噴出物の間に、黒土や赤土などの土壌が挟まっていたり、下の噴出物が浸食を受けデコボコになった後に上の噴出物が積もった、というようなことが読みとれるような場合には、二つの噴火の間には、噴火のない時期が長くあったと考えます。

そして、最後に、各噴出物の年代を測定したり、あるいは、すでに年代のわかっている

郵便はがき

9 5 1 - 8 7 9 0

料金受取人払郵便

新潟中支店
承認

1076

差出有効期間
平成25年2月
28日まで
（切手不要）

新潟市中央区白山浦2丁目645-54

新潟日報事業社 出版部 行

アンケート記入のお願い

このはがきでいただいたご住所やお名前などは，小社情報をご案内する目的でのみ使用いたします。小社情報等が不要なお客様はご記入いただく必要はありません。

フリガナ お名前		□ 男 □ 女 （　　歳）
ご住所	〒 TEL.（　　　）　　－	
Eメール アドレス		
ご職業	1. 会社員　2. 自営業　3. 公務員　4. 学生 5. その他（　　　　　　）	

●ご購読ありがとうございました。今後の参考にさせていただきますので、下記の項目についてお知らせください。

ご購入の書名	

〈本書についてのご意見、ご感想や今後、出版を希望されるテーマや著者をお聞かせください〉

ご感想などを広告やホームページなどに匿名で掲載させていただいてもよろしいですか。（はい　いいえ）

〈本書を何で知りましたか〉番号を○で囲んで下さい。

1.新聞広告（　　　　　新聞）2.書店の店頭
3.雑誌・広告　4.出版目録　5.新聞雑誌の書評（書名　　　　　）
6.セミナー・研修　7.インターネット　8.その他（　　　　　）

〈お買い上げの書店名〉　　市区町村　　書店

■ご注文について

小社書籍はお近くの書店、NIC新潟日報販売店でお求めください。店頭にない場合はご注文いただくか、お急ぎの場合は代金引換サービスでお送りいたします。

【新潟日報事業社出版部（販売）】電話 025-233-2100　FAX 025-230-1833

新潟日報事業社ホームページ　URL　http://nnj-book.jp

火山灰層や遺物との上下関係を調べたりして、妙高火山の活動史が組み立てられていくのです。

このようにして解明された妙高火山の活動史が、表1にまとめられています。この表からわかるように、妙高火山の歴史は、第Ⅰ活動期から第Ⅳ活動期までの四つの活動期と、それぞれの活動期に挟まれた三つの活動休止期に、大きく分けて考えることができます。

各活動期の長さは、いずれも数万年以内です。ここで注意しておいてほしいのは、この数万年間、ひっきりなしに噴火していた、ということではありません。活動期といっても、大噴火は、数十年から数百年に一回というようなもので、全体としては、むしろ噴火

表1　妙高火山の活動史区分

<table>
<tr><th>年代
(万年前)</th><th colspan="2">時代区分</th><th colspan="2">活動史区分</th></tr>
<tr><td rowspan="3">現在
｜
4.3</td><td>完新世</td><td rowspan="2">縄文時代</td><td rowspan="3">第Ⅳ活動期</td><td>中央火口丘期</td></tr>
<tr><td rowspan="14">更新世</td><td>カルデラ期</td></tr>
<tr><td rowspan="13">旧石器時代</td><td>先カルデラ期</td></tr>
<tr><td></td><td colspan="2">第Ⅲ休止期</td></tr>
<tr><td rowspan="3">6
｜
7</td><td rowspan="3">第Ⅲ活動期</td><td>第3期</td></tr>
<tr><td>第2期</td></tr>
<tr><td>第1期</td></tr>
<tr><td></td><td colspan="2">第Ⅱ休止期</td></tr>
<tr><td rowspan="3">11
｜
14</td><td rowspan="3">第Ⅱ活動期</td><td>第3期</td></tr>
<tr><td>第2期</td></tr>
<tr><td>第1期</td></tr>
<tr><td></td><td colspan="2">第Ⅰ休止期</td></tr>
<tr><td rowspan="3">30</td><td rowspan="3">第Ⅰ活動期</td><td>第3期</td></tr>
<tr><td>第2期</td></tr>
<tr><td>第1期</td></tr>
</table>

していない時間の方が、はるかに長いのです。ここでいう活動期とは、妙高が、焼山や浅間山・伊豆大島のような、現在日本を代表している活火山と同様な状態にあったときである、と考えてもらえばよいでしょう。

噴火のメカニズム

ここで、噴火のもとになっているマグマについて、少し触れておきましょう。妙高をはじめ、日本の火山をつくるマグマは、どこで発生し、どのようにして噴出するのでしょうか。このことについては、まだわからないことがたくさんありますが、現在、次のように考えられています。

地球の表面が、プレートとよばれる厚さ数十〜百キロメートルほどの硬い岩盤でおおわれているという話を、どこかで聞かれたことがあるかもしれません。プレートは、大きく十数枚に分けられていますが、その一つに、太平洋の底をつくっている太平洋プレートというものがあります。この太平洋プレートは、東太平洋海嶺《かいれい》というところで、地下深部から上昇してきた熱い物質が冷えてつくられます。そして、一年に十センチほどのスピードで太平洋を横切って西へ移動し、やがて、日本海溝《かいこう》のところから日本列島の下に斜めにもぐり込んでいます（図44）。

もぐり込んでいくプレートからは、やがて、含まれていた水がしぼり出され、水は上の方にある岩盤にしみ込んでいきます。岩石

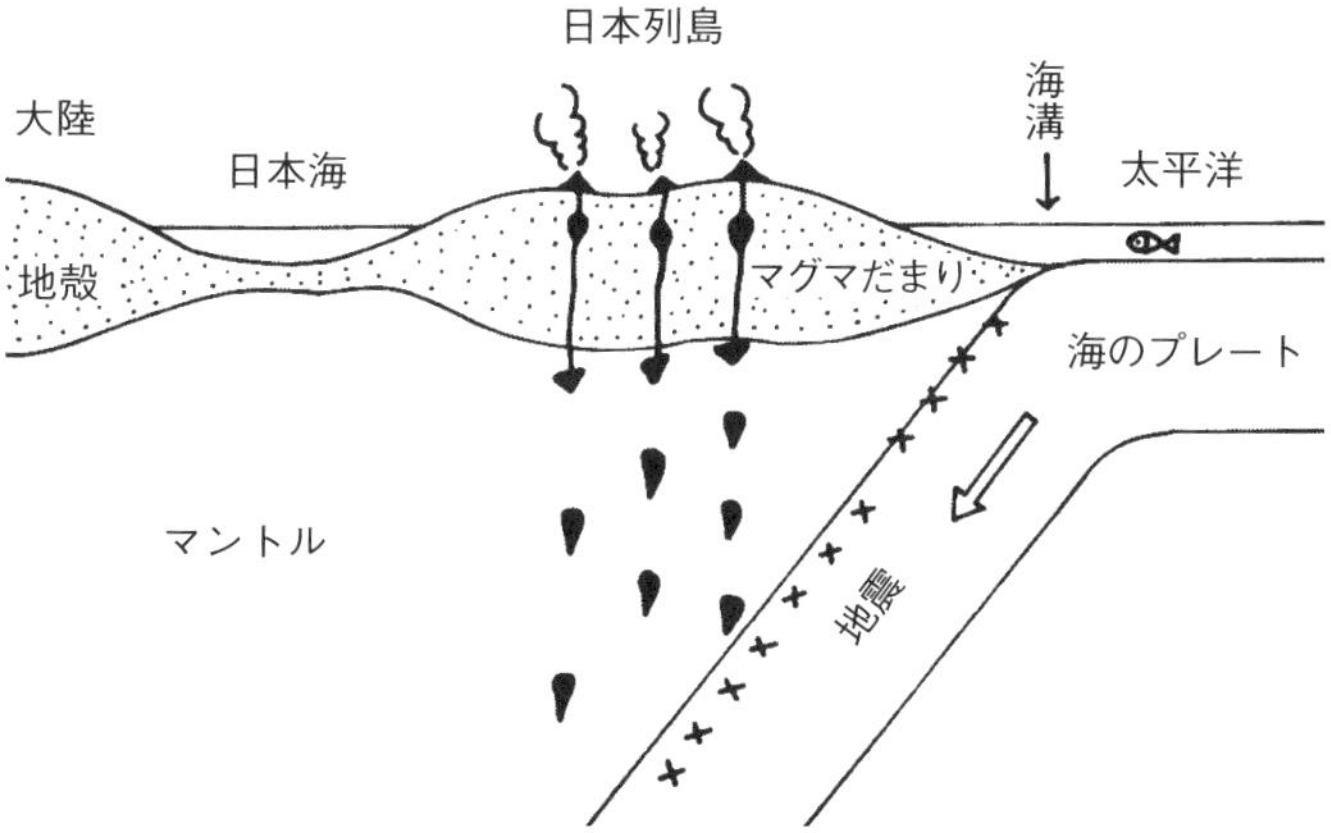

図44　日本列島のマグマ生成モデル

には、水が加わると、より融けやすくなる性質があるため、百〜二百キロメートルの深さのところにあった、もともとかなり高温の岩石は、水が加わったことによって少し融け、おかゆのような状態になる、と考えられます。

おかゆのような状態になった部分は、周りの岩石より軽く（密度が小さく）なり、高温のまま、タコ坊主のような形で上昇を始めます。地下数十キロメートルのところまで上昇してくると、圧力が下がって、融けやすい条件ができるため、ここで、まとまった量のマグマ（液体）が発生することになります。そこからは、マグマだけが岩盤の割れ目などにそって、さらに上昇を続けます。そして、マグマの密度が周りの密度と等しくなる地下数キロメートルくらいのところで、マグマは上昇できなくなるため、そこにマグマの溜まりをつくるのです。

妙高火山の場合、溜まりをつくった当初のマグマは、ケイ酸（SiO_2）に乏しいゲンブ岩質という性質のマグマでした。マグマが冷えるにつれて、マグマからはいろいろな鉱物が結晶として出てきます。そして、残りのマグマは、次第にケイ酸分に富んだものに変化していきます。マグマから出てくる鉱物には、水を含まない種類のものが多いので、結晶作用が進むほど、残りのマグマ中には水分も濃集してきます。そして、マグマ中の水の量がある限界を超えると、一斉に水蒸気となって放出され、ちょうどビールの栓を抜いたときのように、地表へ噴き出してくるのです。これが火山の噴火です。

結晶作用は、マグマが冷えて固まってしまうまで、休みなく続きます。そのため、マグマ溜まりから地表への噴出、つまり、火山の噴火も、地下のマグマが固結してしまうまで、くり返し発生することになる、というわけです。

多世代火山《たせだいかざん》

さて、妙高火山は、休止期を挟んで四つの活動期からなる、という話をしました。ところで、この四つの活動期とも、初めは、地下の深いところから上昇してきて、マグマ溜まりを満たしたばかりの、ケイ酸分に乏しい若いマグマ（ゲンブ岩質のマグマ）が噴出しています。しかし、次第に、ややケイ酸分に富んだ中年のマグマ（アンザン岩質マグマ）が噴出するようになり、最後は、さらにケイ酸分に富んだ老年のマグマ（デイサイト質マグマ）を噴出して、一つの活動期の活動を終了する、という経過をたどっています。マグマがケイ酸分に富んでくると、マグマの粘り気も次第に大きくなってきて、その結果、噴火は、それぞれの活動期の終わりの方ほど、爆発的で激しいものとなっていきます。

活動期ごとに、このような活動がくり返され、それぞれ標高二千五百〜三千メートルもの富士山のような円すい形をした火山体が、つくり上げられたことがわかっています。休止期の長さは、第Ⅰ休止期が約十五万年と長く、第Ⅱ休止期と第Ⅲ休止期は、それぞれ四万年と二万年です。そして、それぞれの休止期の間に、前の活動期につくり上げられた火山体は、崩壊したり削られたりして、次第に低い山へと変わってしまうのです。

一つの活動期の間に、噴出されるマグマが、次第にケイ酸分に富んだものに変化していくというのは、たいへん意味のあることです。なぜかというと、この変化は、地下のマグマ溜まりが冷えて固まっていくときの変化（結晶作用による変化）と同じものだからです。つまり、妙高の一つの活動期とは、一つのマグマ溜まりの一生に対応するものである、と考えられるのです。

妙高火山では、数万年にわたる噴火のくり返しによって、標高二千五百〜三千メートルの火山体がつくられると、火山活動は長い休みに入り、やがて、浸食の進んだ古い火山体を土台として、地下深部から上昇してきた新しい若いマグマによって次の期の活動が開始されるということを、四回もくり返されてきたことになります（図45）。このことから、妙高火山は、単純な一つの火山というより、四つの独立した火山が、ほぼ同じ地点で縦に重なってできた火山であ

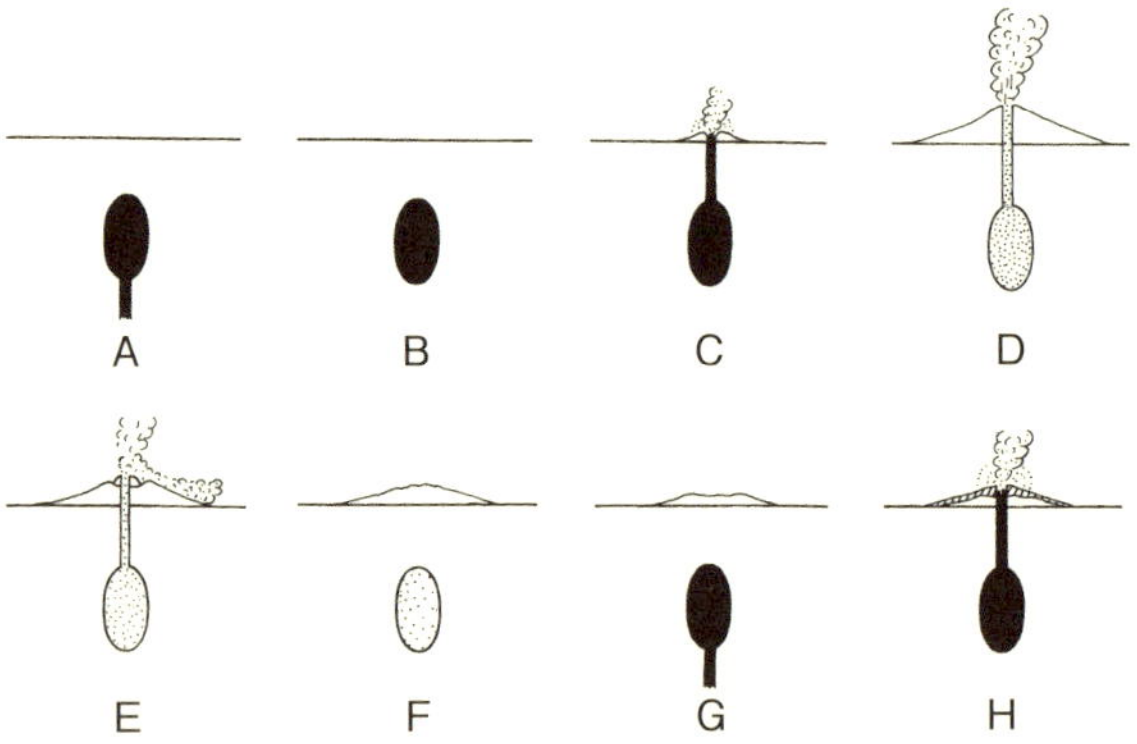

図45　妙高火山の形成とマグマ溜まりの関係。A：ゲンブ岩質マグマの上昇によるマグマ溜まりの形成。B：地下深部からのマグマの供給停止。C：ゲンブ岩質マグマの噴出による一つの活動期の噴火活動開始。D・E：マグマはゲンブ岩質→アンザン岩質→デイサイト質へと変化し、火山体は最高標高2,500〜3,000mまで成長。F：マグマは自力噴火の能力を失い、一つの活動期の噴火活動を終了。G：地下深部から新たなゲンブ岩質マグマが上昇し、前回とほぼ同じ地点にマグマ溜まりを形成。H：ゲンブ岩質マグマによる新たな活動期の噴火活動開始。妙高火山では、このようなサイクルが4回認められる。この図ではマグマの量的関係は考慮されていない。

る、と考えられます。古い世代の火山と新しい世代の火山が重なって、全体として一つの火山のように見えるということで、このような火山を多世代火山とよぶことにしましょう。

妙高は、四つの世代の火山から成り立っているので、いわば四世代火山ということになります。次に、各世代の活動について触れておきましょう。

妙高火山の一代目

妙高の最初の活動は、今からおよそ三十万年前にさかのぼります。当時の山地と平野の基本的な配置は、すでに今日のものと大差はなく、妙高は、西側の山地と東側の低地との、ちょうど境界付近に形成されました。

一代目の妙高の噴出中心は、二つあったようです。一つは現在の中央火口丘付近であり、もう一つは火打山のやや南東にありました。噴火は、南の火口で始まり、やがて四、五キロメートル離れた北火口に移ったことがわかっています。一代目の火山は、南火口と北火口をそれぞれ中心とする、円すい形の火山体が二つ合体した姿をしていたはずです(図46)。高さは、少なくとも、標高二千五百メートル前後はあったことでしょう。体積は約四十立方メートルで、二代目以降の火山体に比べ、はるかに大きい火山であったことがわかります。

当時の噴出物は、きわめて広い範囲に分布

図46　北東山麓からみた一代目の妙高

図47　雷菱の大岩壁

しています。火打山登山の際、必ず目に入る雷菱《かみなりびし》の大岸壁も、この時期の噴出物でできています（図47）。

一代目の火山は、その噴出物がよく観察できる雷菱の名をとって、雷菱火山とよばれています。また、二代目以降の火山に比べて、はるかに古い火山であるので、古《こ》妙高火山とよばれることもあります。

二代目の活動

一代目が活動を停止してから、十五万年という長い間、この地では全く噴火が起こっていません。その間、火山体は、その南東部を中心に浸食が進み、現在の飯縄火山のような、低いデコボコした山に変化していきました。

ところが、今から十四万年前ごろ、再び噴火が始まりました。これが二代目火山の誕生であり、以後、約十一万年前までの三万年間にわたって、断続的に噴火が続いていくことになります。活動の中心は、現在の中央火口丘の位置とほぼ同じか、そのやや北東よりにあり、一生を通し、ほぼ固定されていました。

この一連の活動を通して形成された火山体、つまり二代目の妙高は、とくに神奈山火山とよばれています。この火山は、開析された先代の火山体を土台とし、その上に形成された円すい形の火山で、標高は二千五百メートル以上、体積は二十立方キロメートルほどあったと考えられます。火山体の西側は、黒《くろ》沢岳《さわだけ》などの高まりに妨げられ、斜面の広がりは限られていましたが、東方へは、今日と同様、広大な裾野を広げていたことでしょう。

この活動の終わりごろ、今から約十一万年前には、山頂部から体積約一立方キロメートルという、妙高としては最大規模の火砕流(渋江川《しぶえがわ》火砕流)が噴出され、遠く高田平野の方まで流れ下っていく、という事件が起きています。

妙高の二代目が活動していた時代は、間氷期《かんぴょうき》とよばれている時代で、その最盛期には世界的に現在より温暖であった、といわれています。そのため、海水面は現在よりややや高く、海はより内陸部まで入り込んでいました。今日の高田平野も、当時は内湾状の入り江となっていたようです。十万年前、妙高の北東斜面を流れ下った大火砕流は、そのまま、この内湾へ流れ込んだことでしょう。

三代目の活動

二代目の神奈山火山の活動は、渋江川火砕流の噴出を境に急速に衰え、やがて長い休止期に入りました。

次の三代目の活動は、二代目とほぼ同じ位置か、それよりわずかに西に寄った位置に開いた火口で開始され、地下深部から新に上昇してきた若い(ゲンブ岩質の)マグマを間欠的に放出することから始まりました。夜、適当な間隔をおいて次々と放出される真っ赤な溶岩のしぶきが、放物線を描いて落下する様子は、この世のどんな花火よりもすばらしい光景だったに違いありません（図48）。

噴き出されたマグマは、人頭大からビー玉大にちぎれ、スコリアとよばれるコークスのような石となって火口の周りに落下し、ボタ山のような新山をつくっていきました。また、一部は、東方の山麓一帯に雹《ひょう》のように降り注いだことでしょう。

この時代は、今からおよそ七万年前のことで、最終間氷期の温暖期も終わり、寒冷なヴュルム氷期に突入しつつあったころにあたります。

やがて、地下のマグマが次第に変化し、アンザン岩質になると、火山弾や火山灰を放出しては、そのあとで溶岩流をドロドロ流し出

図48　スコリアの噴出

す、という噴火が目立つようになりました。何十年か何百年か休んでは、火山弾を放出しては溶岩流を流し出すというような噴火を、少なくとも数十回以上くり返したことがわかっています。

この一連の噴火によって、三代目の火山体（三田原山火山《みたはらやまかざん》）は、二千八百から三千メートルに達する、富士山によく似た円すい形の美しい火山に成長していったものとみられます。この時期の火山体の体積は約七立方メートルで、円すい火山の北東山腹には、現在の神奈山火山が、図43のように顔を出していたはずです。先に復元した《三千メートルの妙高》は、この時期のものだったのです。

その後、噴火は一時おさまり、山腹には谷が刻まれていきました。その間、地下のマグマは、さらにケイ酸分に富んだデイサイト質のマグマへと変化し、次なる噴火のエネルギーを蓄えていました。

次の噴火は、激しい火砕流の噴出によって特徴づけられます。山頂から噴出された火砕流（深沢火砕流《ふかさわかさいりゅう》）の主流は、南東斜面の谷を駆け下り、山麓一帯を埋めつくしてしまいました。また、火砕流雲の一部は、灰かぐらとなって関川の谷を乗り越え、野尻湖付近まで達したことが判明しています。山頂部では、この火砕流の噴出と相前後して、溶岩の流出もあったようです。

南東方向へ流下した主流とは別に、北東方向へ流れ下った小規模な火砕流もあり、これは松ヶ峰から二本木《にほんぎ》付近にかけての地域を焼き払いました。なお、この地域では、火砕流の発生直前に、大規模な泥流（松山《まつやま》泥流）が発生し、現在の新井の市街地を含む広範な地域を襲っています。おそらく、火山活動と密接に関係して発生したものとみられます。

この大噴火が起こったのは、今から六万年ほど前のことで、ヴュルム氷期前半のピークの時期と一致しています。妙高の山麓に点在していた湿地では、泥炭が形成され、周辺にはモミ・ツガ・トウヒ・マツの仲間の針葉樹が生い茂っていました（図49）。

深沢火砕流の噴出に関係した一連の活動を最後に、三代目の活動は衰退に向かっていきます。この間、水蒸気爆発に伴うとみられる

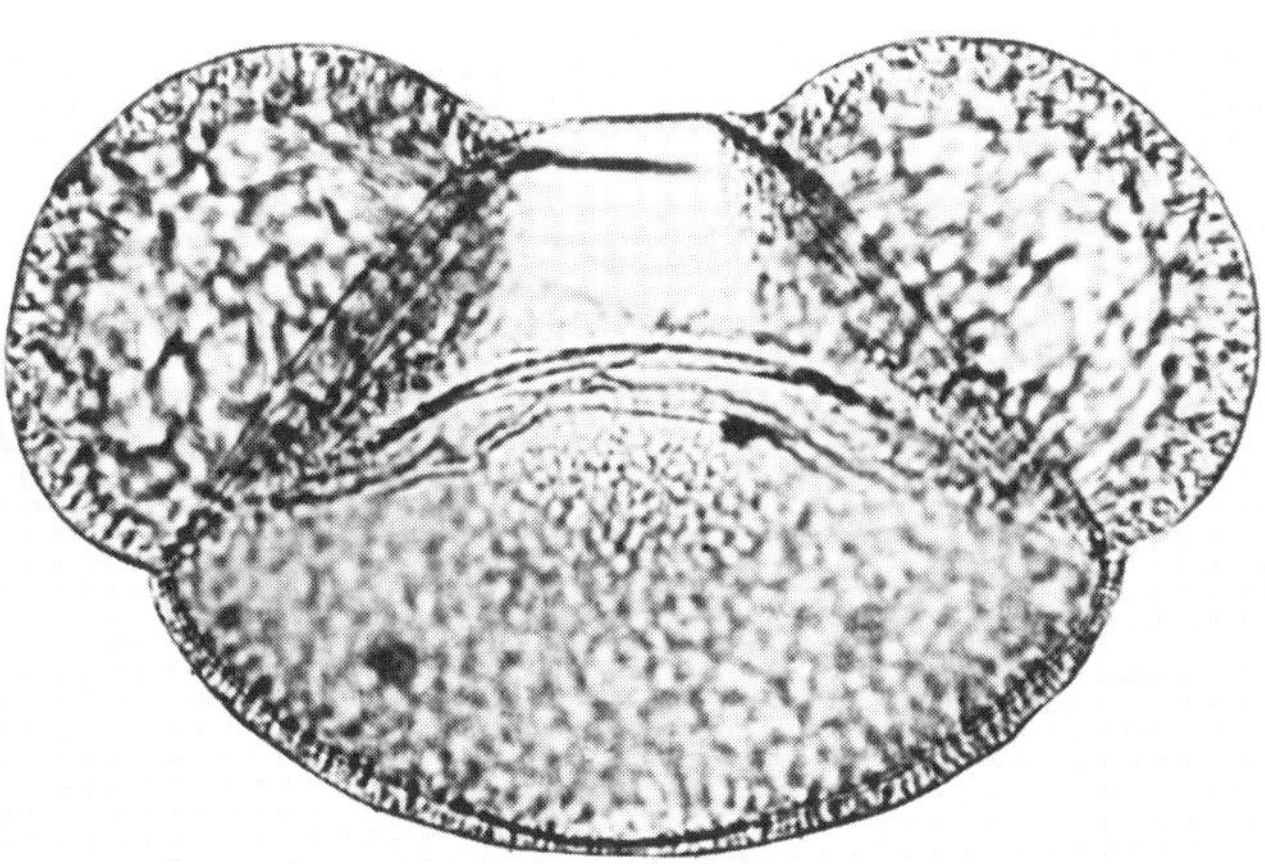

図49　モミの仲間の花粉化石（0.15mm）

山体の崩壊などはあったものの、マグマの噴出はなく、やがて、第Ⅲ休止期とよばれる長い休みに入っていきました。

四代目の妙高

四代目の妙高の活動は、およそ四万三千年前に始まりました。最初に噴出したマグマは、ケイ酸分に富んだデイサイト質の、いわば年老いたマグマでした。これは、地下のマグマ溜まりに残っていた三代目の残りかすのマグマで、新しく地下深部から上昇してきた、ケイ酸分に乏しい若いゲンブ岩質のマグマに刺激されて噴出したもののようです。

この最初の噴火は、きわめて激しいものでした。噴出したマグマは、灼熱《しゃくねつ》の火砕流（シブタミ川火砕流）となって、少なくとも二回にわたって流れ下り、赤倉山《あかくらやま》南東斜面を中心とする地域を広くおおいました。現在の杉野沢・池ノ平・新赤倉温泉・妙高温泉などは、すべてその分布域に含まれます。これらの地域は、一瞬にして数百度もある熱い岩屑《がんせつ》に厚くおおわれ、完全な死の世界と化したことでしょう。この火砕流の噴出と相前後して、火砕サージという火山灰を含んだ横なぐりの爆風や火山灰の放出もくり返されました。

この噴火の直後、今度は性質の全く異なるゲンブ岩質のマグマが噴出されました。このゲンブ岩質のマグマこそ、四代目の活動を引き起こした張本人であり、以後、約四万年にわたって四代目の活動を支配することになる、もとのマグマだったのです。

ゲンブ岩質のマグマの噴出は、それから数千年間にわたって、断続的にくり返されました。これら一連の噴火は、いずれもマグマの破片である火山弾やスコリアとよばれる岩片を、打ち上げ花火のように放出する噴火を主とし、ときどき少量の溶岩流や火砕流を噴出する、という形のものでした。

火口周辺に落下した火山弾やスコリアは、積み重なって、山頂部に一つの新しい山をつくり上げていったことでしょう。このとき放出されたスコリアや火山灰の一部は、野尻湖周辺や信濃川中流域でも見つかっています。

四万三千年前から断続的に噴出されてきたゲンブ岩質のマグマは、約三万九千年前のスコリアの放出を最後に噴火活動を停止し、その後、長いこと妙高には目立った活動が認められなくなります。

ところが、今から約二万年前、妙高は長い沈黙を破り、突然、大爆発を起こしたのです。このときの噴火では、マグマそのものは噴出されず、高圧のガス（大部分は水蒸気）のみが爆発的に噴出されました。まさに妙高の自爆です。この爆発のショックで、妙高の山頂部が粉砕され、巨大な岩なだれとなって猛烈なスピードで東方山麓へ流れ下ったのです。これが、前にお話した関川岩屑なだれです。

この水蒸気爆発とそれに伴う崩壊によって、山体の中央部は大きくえぐり取られ、東に開いた馬てい形のくぼ地（カルデラ）が形成されました。その後、火打山《ひうちやま》と大倉山《おおくらやま》に挟まれた地域や前山《まえやま》と赤倉山《あかくらやま》の間の地域も、相次いで崩壊を起こし、ともに大規模な山津波（岩屑なだれ）を引き起こしたことがわかっています。

　四代目の活動が始まってからこの頃までの時期は、地球を襲った最後の氷期、ヴュルム氷期の後半にあたっており、とくにカルデラ形成前後のころは、今よりずっと寒冷な気候が支配していました。活動が始まったころ、野尻湖周辺にはナウマン象やヤベオオツノシカが住みついており、旧石器野尻湖人が、それらの動物を狩って生活していたのです。

　当時の人間は、まだ土器を作ることを知らず、氷期の厳しい条件の中で、試練のときを迎えていました。彼らは、妙高の四代目の活動開始から火山体の大崩壊にいたるドラマを、野尻湖畔からつぶさに眺めることができたはずであり、直接火山灰を浴びることも多かったことでしょう。

　時代が移り氷期が終わると、それまでの寒かった気候も徐々に温暖化に向かい、今から六千年前ころには、現在よりもむしろ暖かい気候が支配するようになっていました。ナウマン象やヤベオオツノシカなど、北方系の動物たちの影はすでになく、それを追う旧石器人も姿を消していました。妙高の山麓には、旧石器人に代わり、土器を作ることを知った縄文人の姿が、あちこちに見られるようになっていたのです。

そんなある日、外輪山《がいりんざん》に囲まれた大きなくぼ地（カルデラ）の真ん中で、妙高は、長い眠りから覚めたかのように噴火を再開しました。噴出されたマグマは、ケイ酸分に富んだデイサイト質のマグマで、カルデラ中央部に開いた火口から火山灰や火山弾として放出され、カルデラ内に一つの小山をつくっていきました。中央火口丘形成の始まりです。

放出された噴出物の一部は、火砕流（赤倉火砕流）となって、次々と山麓へ流れ下りました。火砕流の主流は、すでに今日と同様に刻まれていた南北二つの地獄谷にそって流下し、それぞれの山麓に扇状に広がりました。その一部は、遠く新井の方まで達していました。赤倉火砕流の《雲》は、かなり高かったらしく、谷底から三、四百メートル上方の尾根も乗り越えて流れています。

このときの火砕流の分布域は、北の片貝川流域から南の池ノ平南方までの東麓一帯におよび、妙高市南部地域のほとんどと長野県信《しな》濃町《のまち》の一部とが、その中に含まれてしまいます。この範囲にあったものは、動物も植物も、そして私たちの祖先である縄文人も、一瞬のうちに灼熱の雲にのみ込まれ、完全に死滅してしまったことでしょう。

これらの火砕流や火山灰の噴出がおさまると、今度は、粘り気の大きい溶岩が、多量に火口から押し出されてきました。そして、すでにできていた小山をおおうように、火口の周りに厚くたまって、今日見るような急峻《きゅうしゅん》な中央火口丘《妙高山》を、つくり上げたのです。

　中央火口丘の誕生によって、妙高火山の姿は、今とほとんど変わりないものになってきました。うっかりしていたら、今の妙高と見違えてしまうかもしれません。山麓の縄文人たちも、現在の私たち同様、妙高を心のふるさととして仰ぎ見ていたことでしょう。こうして、長かった妙高の一生も、ようやく終わりに近づいてきました。

　中央火口丘がつくられて以降、千年ほどの間、妙高は第一級の破壊的噴火を起こしていません。しかし、この間、まったく噴火を休んでいたというわけではなく、百年から二百年に一回の割合で、火山灰の放出などをくり返してきています。

　この間に、前の大噴火で焼き払われ、砂漠のようになってしまっていた妙高の東麓地域にも緑が復活し、縄文人たちも、再びこの地を生活の場として選んだようです。彼らは、自分たちの住んでいるこの土地が、かつて恐ろしい惨劇に見舞われた地であるなどとは考えてもみなかったでしょうし、ましてや、自分たちの身に同様な運命が待ち構えていることなど、知る由もなかったはずです。

　最後の日は、今から五千年前、縄文時代の中期から後期に移ろうとしていた頃にやってきました。まず、中央火口丘の山頂近くで噴火が起こり、火山灰を噴き出しました。噴出された火山灰の一部は、空高く噴き上げられ、風に乗って東の山麓一帯に降り注ぎました。

続いて、同じく山頂付近から噴出されたマグマは、火砕流となって流れ下り、片貝川と大田切川に挟まれた広範な地域を、再び灼熱の岩屑で埋没させてしまったのです。これが、この本の初めのところで詳しくお話した大田切川火砕流であり、関山石をつくった噴火だったのです。

火砕流の通ったあとは、完全に壊滅状態となり、草木一本といえども、生き残ることはできなかったでしょう。火砕流に厚くおおわれた地域は、しばらく生活の場として使用することができなかったらしく、この地に縄文人が帰ってくるのは、それから数百年後のことでした。

大田切川火砕流の噴出を最後に、今日にいたるまでの五千年間、妙高は、明確なマグマの噴出をしていません。しかし、活動が全く停止してしまったというわけではないのです。その後も何回か小さな水蒸気爆発があり、火山灰を降らせました。中央火口丘と三田原山の間にある大正《たいしょう》池（種《たね》ケ池）や、登山道わきに点在する光善寺《こうぜんじ》池・鏡《かがみ》の池などのくぼ地は、これらの噴火によってつくられた爆裂火口です（図50）。

現在わかっている最新の噴火は、千四百年前ごろに、南地獄谷の噴気地帯で起こった小さな水蒸気爆発です。南地獄谷では、現在も、激しい噴気活動が続いており、生きてい

図50　大正池の爆裂火口

る妙高の鼓動を感じとることができます（図60）。

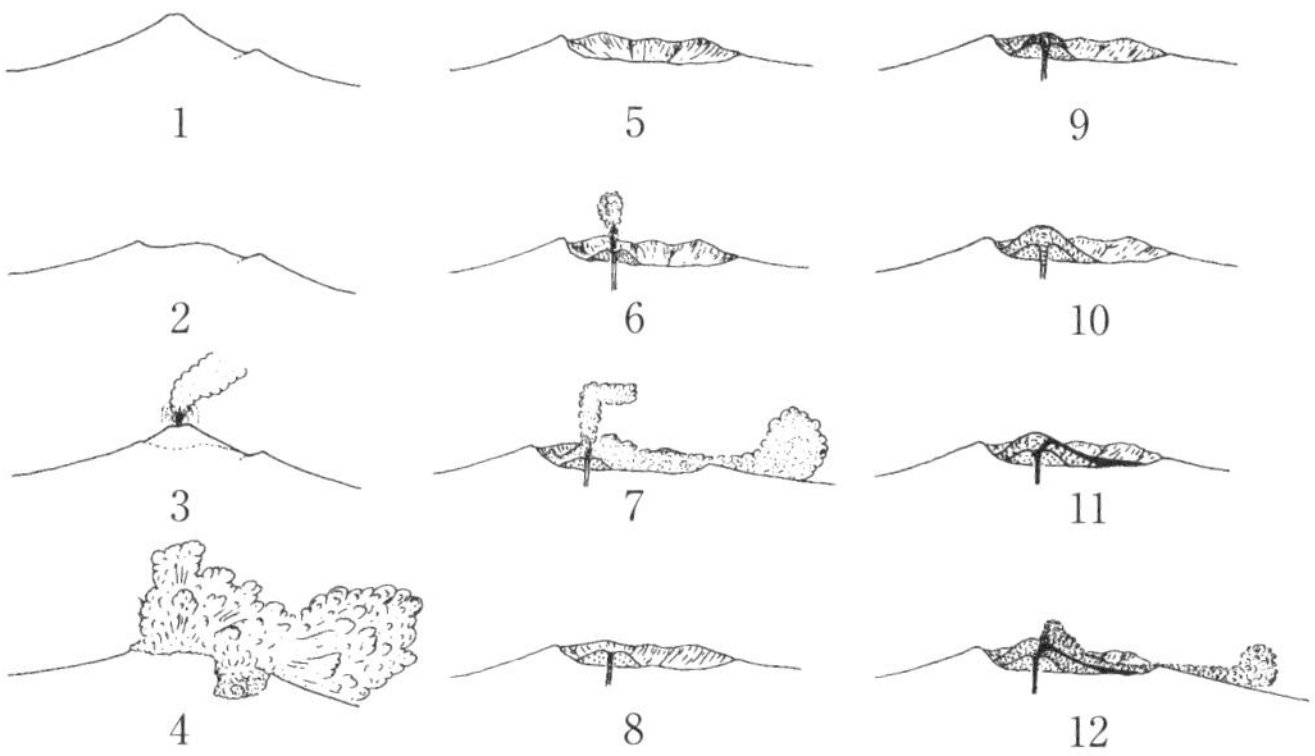

図51　妙高火山－第Ⅳ活動期の活動史。1：標高が2,800m～3,000mと最も高かった頃の第Ⅲ活動期の火山体（約6万年前）。2：第Ⅳ活動期の活動開始直前の火山体（4万数千年前）。3：第Ⅳ活動期－先カルデラ期の活動（約4万3,000年～3万9,000年前）。水蒸気爆発による火山体の大崩壊と関川岩屑なだれの形成（約2万年前）。5：カルデラの形成（4の崩壊に伴う）とその拡大（4の直前または5のある時期、山頂には湖が存在していたらしい）。6：中央火口丘の形成開始。7：赤倉火砕流の噴出。8：中央火口丘下半部の形成完了。妙高山溶岩流の押し出しによる中央火口丘上半部の形成開始。10：妙高山溶岩流の流出完了（6～10は約6,000年前）。11：燕溶岩流の流出による浅平の台地形成。12：大田切川火砕流の噴出（約5,000年前）。

第六章　妙高の生まれる前

妙高火山が最初の産声をあげたのは、今から三十万年前のことでした。当時、すでに、今日のような山地と平野の配置の原型が出来上がっていたようです。では、妙高火山を含む日本列島は、太古の昔から今のような姿で存在していたのでしょうか。妙高が生まれる前の日本は、どうなっていたのでしょう。

日本列島の骨格

私たち人間社会の歴史は、大きく、原始・古代・中世・近世・現代というように区分されています。これと同じように、地球の歴史も、生物の進化を基準として、古生代《こせいだい》・中生《ちゅうせい》代《だい》・新生代《しんせいだい》などと、時代区分することができます（表２）。

表２　地球の歴史区分

<table>
<tr><td rowspan="5">新　生　代</td><td rowspan="2">第　四　紀</td><td>完　新　世</td><td>１万年前</td></tr>
<tr><td>更　新　世</td><td>260万年前</td></tr>
<tr><td rowspan="2">新 第 三 紀</td><td>鮮　新　世</td><td></td></tr>
<tr><td>中　新　世</td><td>2300万年前</td></tr>
<tr><td colspan="2">古 第 三 紀</td><td>6500万年前</td></tr>
<tr><td rowspan="3">中　生　代</td><td colspan="2">白　亜　紀</td><td></td></tr>
<tr><td colspan="2">ジ ュ ラ 紀</td><td></td></tr>
<tr><td colspan="2">三　畳　紀</td><td>２億5000万年前</td></tr>
<tr><td rowspan="6">古　生　代</td><td colspan="2">ペ ル ム 紀</td><td></td></tr>
<tr><td colspan="2">石　炭　紀</td><td></td></tr>
<tr><td colspan="2">デ ボ ン 紀</td><td></td></tr>
<tr><td colspan="2">シ ル ル 紀</td><td></td></tr>
<tr><td colspan="2">オルドビス紀</td><td></td></tr>
<tr><td colspan="2">カンブリア紀</td><td>５億4000万年前</td></tr>
<tr><td colspan="3">先 カ ン ブ リ ア 代</td><td></td></tr>
</table>

日本列島には、さまざまな時代のいろいろな地層が、複雑に入り組んで分布しています。その中で、日本列島の骨格をつくっているのは、新生代の古第三紀《こだいさんき》およびそれより古い時代の地層です。最も古い飛騨《ひだ》や南部北上《きたかみ》山地の地層のなかには、先カンブリア時代にまでさかのぼるものもあるといわれています。

化石を含む日本最古の地層は、古生代のオルドビス紀のもので、岐阜県の福地《ふくじ》という所に、断片的に顔を出しています。日本列島をつくっている古生代の地層には、暖かい地方の浅い海にたまったものが多いようです。セメントの材料として有名な青海《おうみ》の石灰岩《せっかいがん》は、古生代の終わりごろ（石炭紀《せきたんき》〜ペルム紀《き》）に、熱帯ないし亜熱帯の浅海で堆積したもので、三葉虫《さんようちゅう》・ウミユリ・サンゴ・ボウスイ虫といった当時の生物を、化石として豊富に含んでいることで知られています（図52）。

しかし、これらの地層は、必ずしも日本列島やその近海で堆積したものではなく、遠い南方地方から、海底（プレート）の動きに乗って、はるばる日本まで運ばれてきたものであることがわかっています。

中生代のジュラ紀以降になると、海底は次第に隆起し、大陸につながる広い陸地が形成されました。そして、その後の古第三紀にかけてのかなりの長期にわたって、〝日本列島〟の多くの部分は、大陸の一部となっていました。気候は、今よりも暖かく、中生代には、イチョウやソテツの林の中を、恐竜たちが歩き回っていたことでしょう。また、当時、陸上で激しい火山活動のあったことも知られています。

妙高火山の近辺では、古第三紀以前のこれら古い地層は全く見ることができません。それは、これらの古い時代の地層は、より新しい時代の地層によって、何千メートルもの厚さでおおわれてしまっているためです。妙高や焼山の噴出物の中には、ときどき、地下から持ち上げられてきた古い岩石のかけらが含まれていることがあります。このことは、妙高の下にも、これら古い時代の地層が存在していることを証明してくれています。

妙高周辺では全く見ることができない古い

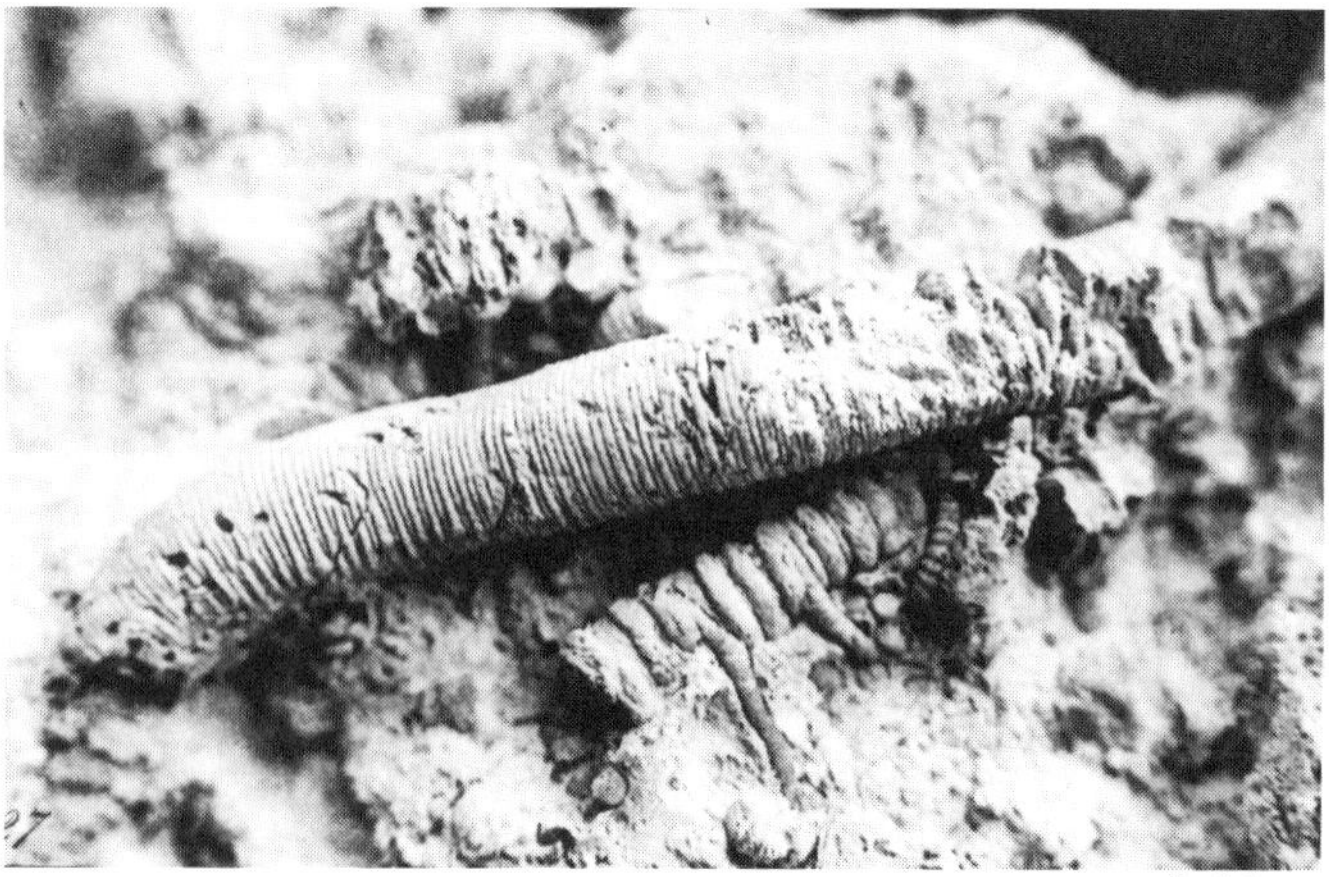

図52　青海の石灰岩から見つかったウミユリ（ウニと同じ棘《きょく》皮《ひ》動物）の化石

地層も、姫川より西の地域や、魚野川以東の群馬県境付近では広く分布しており、佐渡の一部でも見ることができます。しばしば庭石として見かける、緑・紅・白といった彩りの鮮やかな石は、これら古い時代の岩石である場合が多いようです。

グリーンタフの海

先に述べたように、〝日本列島〟は、中生代から古第三紀を通しての長い間、アジア大陸の一部として存在し、太平洋に面する大陸の東縁部を構成していました。

ところが、新第三紀《しんだいさんき》の中新世《ちゅうしんせい》のころに、日本列島はアジア大陸から離れ、日本海という縁海《えんかい》をつくりながら、太平洋に向かって移動し、現在の位置を占めるようになったと考えられています。文字どおり、日本「列島」の誕生です。この過程で、西南日本は時計回りに、東北日本は反時計回りに、ちょうど観音開きのドアを太平洋に向かって開けるように、それぞれ数十度回転したことが、古地磁《こちじ》気学《がく》という学問によって示されています。この日本列島の分離・移動は、中新世中期の比較的短い時間の間になされたようです。

ところで、日本列島の分離・移動の過程で、それまで陸地であった日本列島は、東北日本を中心に広く海面下に没し、妙高火山地域を含む、新潟県から長野県にかけての地域も、大部分が海の底になってしまいました。同時に、陸上や海底では、今日をはるかに上回る規模の火山活動が頻発し、火山灰や溶岩などが厚く積もり、厚いところでは数千メートルにも達しました。

　これらの噴出物は、変質して独特の緑色がかった色をしていることが多いため、グリーンタフ（緑色《りょくしょく》凝灰岩《ぎょうかいがん》）とよばれています（図53）。石材として広く利用されている大谷《おおや》石《いし》も、グリーンタフの仲間です（図54）。グリーンタフを噴出した火山活動を含む一連の地殻変動は、グリーンタフ変動とよばれることもあります。

図53　グリーンタフの分布（点の部分）

　中新世の初めのころの気候は、世界的に、現在よりも寒かったと考えられています。その後、次第に温暖化に向かい、中新世の中ごろの千五百万年前ころには、今の黒潮に相当する暖流が、現在の北海道の中部付近まで北上していたようです（図55）。当時、新潟県を含む中部日本は、ちょうど今のフィリピンあたりの熱帯から亜熱帯の環境にあり、遠浅の海岸には、マングローブが生い茂っていた

図54　グリーンタフの仲間の大谷石。石材として広く利用されている。

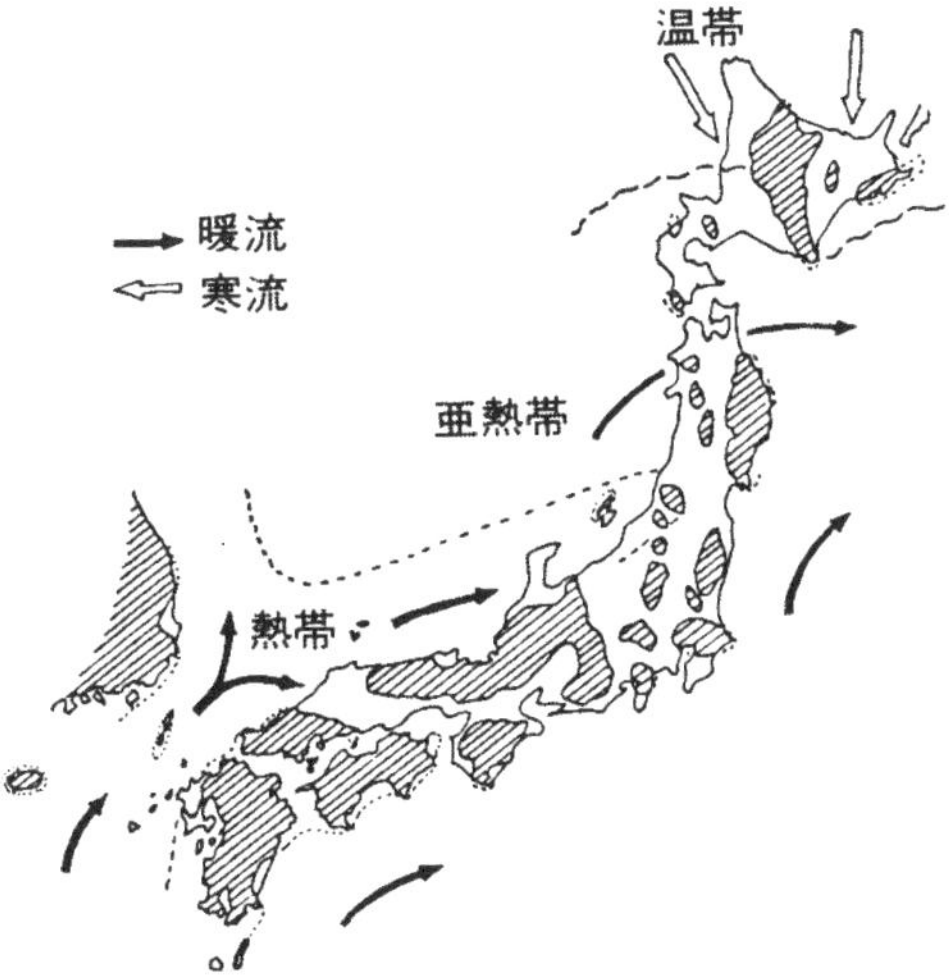

図55　1500 万年前ごろの水陸分布と海流

といいます。

フォッサマグナ

本州の中央部には、日本列島の土台をつくる古い地層を切って、列島を南北に横断する大陥没帯《かんぼつたい》の存在が知られています。これは、フォッサマグナとよばれているもので、その西縁は、糸魚川から姫川にそって長野県松本市方向に南下し、諏訪湖を通って、山梨県の韮崎《にらさき》市から富士川ぞいに静岡市に達する大断《だん》層《そう》帯（糸魚川―静岡構造線）によって区切られています。フォッサマグナは、八ヶ岳付近を境として、さらに北部と南部とに区分されており、妙高火山を含む新潟県から長野県にかけての地域は、北部フォッサマグナの中に含まれます。

このフォッサマグナは、中新世の初めころ、グリーンタフ変動の一環としての激しい断裂運動に伴う陥没によって形成されたと考えられており、一時期、その全域に海が入り込んでいました。北部フォッサマグナ地域は、その後も長く海底にあり、五千メートルにもおよぶ厚い海成層を堆積しました。現在、妙高火山をはじめ、焼山・黒姫・飯縄などの火山の土台をなしている地層は、全てこの北部フォッサマグナの海に積もった砂や泥などからできている地層です（図56）。

妙高火山の周辺で認められている最も古い地層は、西頸城《にしくびき》山地の脊梁《せきりょう》部をつくっている難波山《なんばやま》層とよばれている地層の下部にあた

図56　フォッサマグナの海にたまった地層

る地層で、日本海が拡大し終わった千四百万年前から千二百万年前ごろに堆積したものです。最も下にあるはずの最も古い地層が、どうしてこのように標高の高いところに分布しているのでしょうか。それは、西頸城山地の脊梁部が隆起して持ち上がり、上にのっていた新しい地層が削りとられた結果です。

この地層からは、タコブネ・ヒラタエイ・ニシンなどの仲間や、ペッカムニシキなどの二枚貝、ホンダワラなどの海藻が、化石として見つかっています。これらの化石から、半深海ないしそれより深い外洋生の海の、穏やかな海底にたまった地層であると推定されています。

海から山へ―妙高火山群の誕生―

　中新世中ごろの千五百万年前ごろには、西南日本を除き、ほとんどが海に底にあった日本列島は、その後、次第に隆起に転じ、北部フォッサマグナの海も、日本海の方へ追いやられるような形で、後退するようになってきました。そして、今から数百万年前の鮮新世《せんしんせい》という時代になると、陸地はさらに拡大し、フォッサマグナの海は、妙高地域を通って、湾状に長野県の方へ入り込んだ形となっていました（図57）。

　この時期、長野市の北方地域を中心に、大規模な火山活動のあったことがわかっています。現在、戸隠《とがくし》の山々をつくっている火山岩

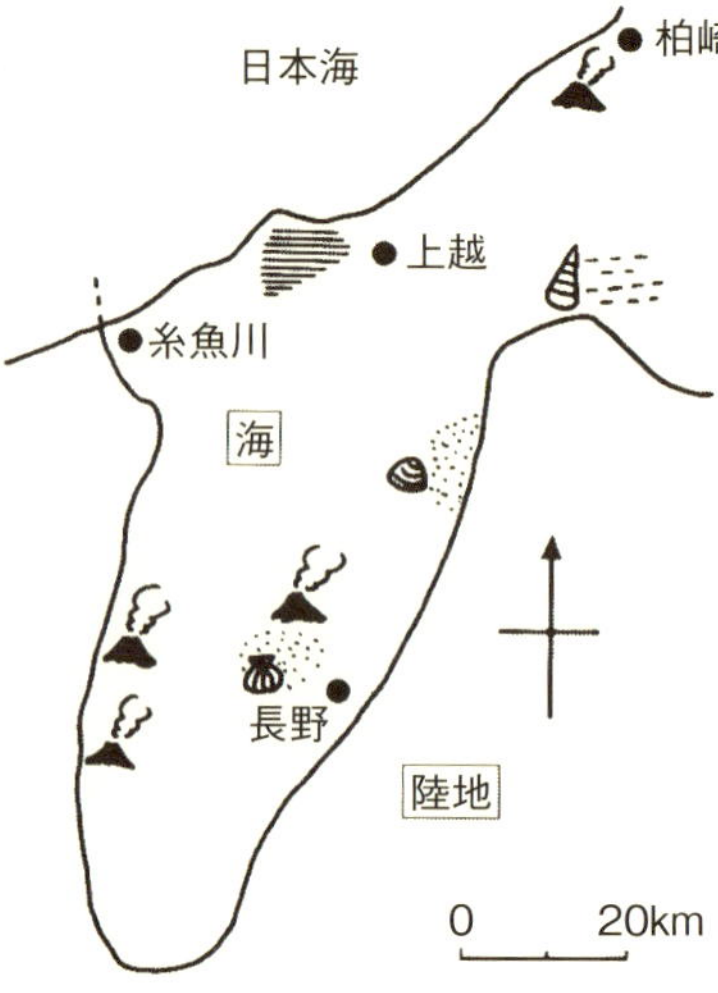

図57　鮮新世の水陸分布

は、このときの激しい海底火山活動の産物なのです。当時の地層の中からは、貝化石などとともに、ときどきクジラの化石が見つかります（図58）。噴火を横目で見ながらクジラが潮を吹いている、という光景が見られたことでしょう。中新世の中ごろに温暖化のピークに達した地球の気候は、その後、寒暖をくり返しながらも、次第に寒冷化に向かっていきました。

このようにして、今まで海であった地域は、次第に陸化し、第四紀《だいよんき》の初めごろ（約二百万年前）までには、日本列島の大部分が陸上に姿を現しました。北部フォッサマグナ地域にとり残されていた内湾状の海も、やがて干上がり、妙高の大地は、長かった海の時代

図58　貝化石のその採集

を終えることになるのです。

しかし、当時は、まだ今日のような高い山岳地域は少なく、標高の低い比較的平坦な面が広がっていたようです。それは、海水面に対して陸地が上昇しても、その速度が限られていると、海面から顔を出したばかりの軟らかい土地は、川によってどんどん削られるので、なかなか高くならないためかもしれません。

このように、第四紀前半のこの地域には、海抜高度の低い比較的平坦な面が広がっており、地表の起伏は、今日に比べてはるかに小さかったことがわかっています。

ところが、第四紀の後半、おそらく数十万年前ころから、著しく上昇する地域と逆に沈降する地域との差が目立つようになりはじめ、山地と盆地（平野）の区別が明瞭になってきました。西頸城《にしくびき》山地や関田《せきた》山地の上昇、高田平野や長野盆地の沈降も、このころから激しくなり、今日にいたるまで続いています。

西頸城山地や関田山地の稜線部は、比較的高さがそろっており、かなり平坦な部分も見られます。これは、かつての平坦面が、上昇後の浸食によっても、まだ完全には破壊されていないことを示しています。また、このことは、これらの山地が上昇を始めてから、まだそれほど時間がたっていないことを証明していることにもなります。

第四紀の後半に入ってから始まった、この

ような山地の著しい上昇や、盆地の沈降という地殻の動きに呼応するかのように、新しい火山の活動が開始されました。妙高火山群の誕生です。以後、斑尾《まだらお》・飯縄《いいづな》・黒姫・妙高・焼山と断続的に噴火活動をくり返し、今日にいたっています。

妙高火山群の活動の舞台となった第四紀という時代は、地球史の最後を飾る時代であり、氷期と間氷期のくり返された氷河時代ともよばれる時代でした。そして、また、人類の発展と活動によって特徴づけられる、人類の時代でもあります。人類の発生は、遠く新第三紀にまでさかのぼりますが、めざましい発展をとげたのは第四紀に入ってからでした。今日では、人類の活動が、地形や大気、生物の分布など、地球の環境に対して加速度的に大きな影響を与えるようになってきています。

第七章　妙高は噴火するか

妙高が火山であることがわかっていても、噴火をしたのは遠い昔のことであって、もう噴火の恐れなどあり得ない、と決めてしまっている人が多いのではないでしょうか。たしかに、妙高が激しい噴火をくり返したのは、ずっと昔のことで、古文書《こもんじょ》にも、妙高が噴火をしたという確かな記録は残っていません。私たち人間の尺度からすれば、妙高は、もう死んでしまっているように見えます。

しかし、火山の平均寿命は、ふつう数万年から数十万年といわれています。百年や千年くらい噴火がないからといって、安心していてよいのでしょうか。もしかしたら、妙高は、今ほんのちょっと昼寝をしているだけなのかもしれないのです。

終末期にある四代目の妙高

妙高は、これからも、今までと同じように噴火をくり返していくのでしょうか。それとも、もう二度と噴火することはないのでしょうか。これからの妙高を考えるには、今の妙高が、一生の中のどのあたりにいるのか、しっかりと見極めておく必要があります。

すでにお話したように、妙高は、世代を異にする四つの火山が縦に重なってできている「多世代火山《たせだいかざん》」と見なすことができます。一代目の妙高が活動した時代は、今から約三十万年前でした。そして、二代目は十四万年前から十一万年前、三代目は七万年前から六万年前にかけて、それぞれ活動し、四万三千年前に、今の四代目の妙高が誕生しました（図59）。

ここで、すでにその一生を終えている一代目から三代目までの活動を整理し、先代三火山の一生の間に、どのような共通性が認められるのか、みておきましょう。

まず、いずれの場合も、地下深部から上昇し、新しくマグマ溜まりをつくったゲンブ岩質のマグマによって、最初の活動が引き起こされています。やがて、マグマは、次第にケイ酸分に富むようになり、アンザン岩質を経て、デイサイト質へと変化しました。このマグマの性質の変化に対応して、噴火は爆発的なものとなっていきます。そして、デイサイト質のマグマが、火砕流として噴出される時

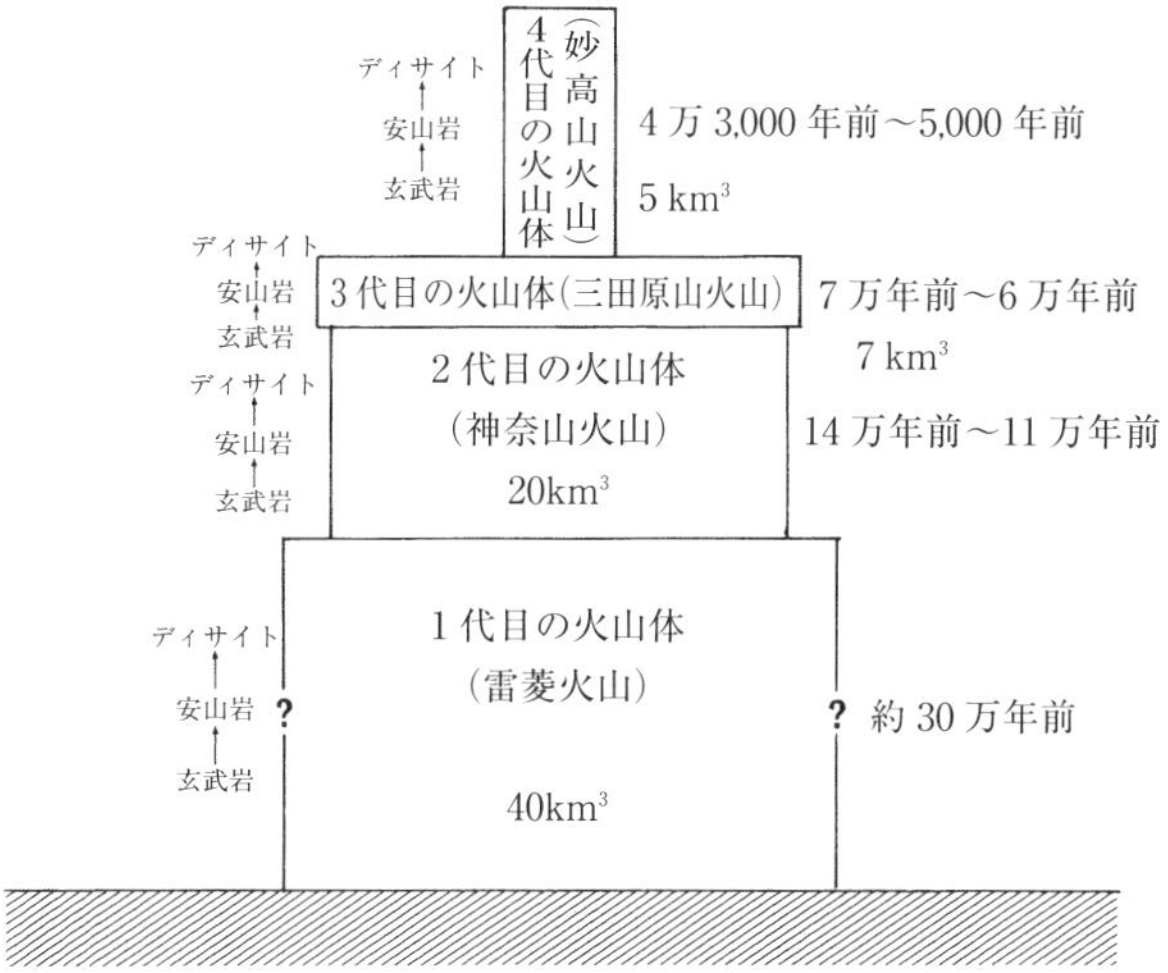

図59　多世代火山としての妙高

期をピークとして、噴火活動は急速に衰えていき、ガスのみを爆発的に噴出する水蒸気爆発だけが起こるようになります。その水蒸気爆発も、次第に弱まっていき、やがて活動が停止するのです。

各世代の一生に要した時間は、いずれも数万年以内で、この間に標高二千五百～三千メートルの円すい形火山をつくり上げていきます。晩年に、火山体が大規模な崩壊を起こし、岩屑なだれを発生させるというのも、先代三火山に共通して見られる現象です。

このように、妙高の先代諸火山の一生を見てみると、そこにかなり明瞭な共通性のあることがわかります。ちょうど、私たち人間が、一生の間に、幼年期から青年・壮年期を経て老年期まで、ある規則的な成長をしていくのと似ています。

それでは、今の四代目の妙高は、一生のどの段階にあるのでしょう。四代目の活動も、四万三千年前に、地下深部から新しく上昇してきてマグマ溜まりを満たした、若いゲンブ岩質のマグマによって引き起こされました。その後、約二万年前の火山体の大崩壊を経て、約六千年前以降は、マグマは歳をとったデイサイト質へと変わり、粘り気の大きい溶岩流や火砕流として噴出されるようになりました。そして、約五千年前の火砕流の噴出を最後に、今日まで、マグマを噴出するような噴火は、一度もなされていません。

マグマを伴わず、ガスだけを噴出する水蒸

気爆発は、その後も何回かくり返されたことがわかっています。そのなかで、年代の確認されている最も新しい噴火は、今から千四百年前に、南地獄谷の噴気地帯で起こった、小さな水蒸気爆発です。まだ年代が不明の爆裂火口もあるため、もっと新しい歴史時代に噴火があった可能性も残されています。

現在、四代目の妙高は、その誕生から四万年以上たっています。これは、すでに、先代諸火山の一生の長さに達しています。また、中央火口丘の形成に伴って噴出されたマグマの性質や噴火の様式も、先代諸火山の最末期のそれらにそっくりです。したがって、四代目の妙高が、現在、その一生の終末期の状態にあることは疑いありません。人間なら、さしずめ八十五歳前後のおばあさんといったところでしょうか。

現在、妙高火山の地下、おそらく数キロメートルのところには、高温のデイサイト質マグマの溜まりが存在しているものと思われます。しかし、このマグマが、自力で噴火するエネルギーを持っているかどうかは、微妙なところでしょう。すでに、五千年もの間、マグマの噴出がなされていないことからみると、地下のマグマは、粘り気が大きくなり過ぎてしまったため、あるいは量が少なくなってしまったため、自力噴出が困難になっているのではないか、と想像されます。

したがって、少なくともマグマの噴出を頻繁にくり返すような活動は、今後とも、起こりにくいであろうと思われます。しかし、単発的なマグマ噴火の可能性はまだ残されている、とみておいた方がいいでしょう。もし、デイサイト質マグマが噴出されるようなことがあれば、火砕流あるいは火砕サージといった形での噴火が予想され、山麓一帯は壊滅的な打撃を受けることになります。

マグマの噴出を伴わない水蒸気爆発については、今後まだ十分に起こりうる、とみておかなくてはなりません、噴火地点は、中央火口丘上およびその山麓のカルデラ内、さらに赤倉山南山腹あたりとなる可能性が大きいと思われます。

妙高温泉と池ノ平温泉の源泉となっている南地獄谷の噴気地帯では、現在、激しい噴気活動が行われています。ここで、もし地すべりや崩落などによって、噴気の通路が遮断されるようなことが起こると、地下でガスの圧力が高まり、小爆発を誘発するかもしれません。事実、過去に、噴気孔が土砂に埋まったときには、数日後に爆発的に土砂を吹き飛ばし、火口のような凹地ができたことがあったそうです。

水蒸気爆発が起こった場合、火口周辺への大型火山岩塊（噴石）の落下、風下側への降灰が予想されます。小規模なサージの発生もあるかもしれません。また、噴火が中央火口丘などの急斜面で起こった場合には、山体の崩壊を誘発し、岩屑なだれや泥流として山麓へ流れ下ることもあるでしょう。

図60　南地獄谷の噴気活動

南地獄谷の噴気活動（図60）が証明しているように、四代目の妙高は、高齢とはいえ、まだ確実に生きているのです

五代目の妙高は誕生するか

ところで、妙高の今後の活動について触れるとき、四代目の延長線上でのみ考えることはできません、妙高は、一代目から四代目まで、四つの代を重ねてきている多世代火山です。つまり、一つの代の活動が終わると、新しい若いマグマが地下深部から上昇してきて次の代の活動が始まる、ということを四回もくり返しているのです。

この調子でいけば、いずれ新しいマグマが五たび上昇してきて、五代目の妙高が誕生しても不思議ではありません。マグマを生産している地下深部の状態が、今後短時間の間に大きく変化する、ということは考えにくいことですので、五代目誕生の可能性は、十分あるといえるでしょう。

しかし、地下でマグマがどのようにしてつくられ、どのようにして上昇してくるのかといったことが、現在、まだ十分にわかっているとはいえません。そのため、将来、五代目の妙高が誕生するかどうか、またその時期はいつなのか、といったようなことを予測することは、残念ながらできないのです。

地下深部からマグマが上昇してくる時間の間隔は、十六万年↓六万年↓三万年と、次第に短くなってきています。同時に、上昇してくるマグマの量も次第に減少してきているようで、一生の間の噴出量が、四十↓二十↓七↓五立方キロメートルと、明瞭に減ってきています。このことを先に延長して考えると、五代目が誕生するとした場合、それは今から二、三万年以内のことで、四代目より小さな火山体となるはずですが、実際にはどのようなことになるのでしょう…。

現在、地下には、自力噴火の能力の衰えたデイサイト質のマグマが残っている、と推定されます。もし、近い将来、この残存マグマの溜まりへ、より深部から上昇してきた若いゲンブ岩質のマグマが注入されれば、もとからあった古いデイサイト質マグマも噴火のエネルギーを得て、新しいゲンブ岩質のマグマとともに噴出する可能性が大きいでしょう。

このように、新旧（老若）のマグマが、手に手をとって出てくるという現象は、三代目と四代目の誕生時に、実際に起こっています。このとき、押し出されたデイサイト質のマグマは、いずれも激しい爆発的な噴火を引き起こし、火砕流や火砕サージとなって流れ下りました。

したがって、今後、五代目の妙高が活動を始め、新しいゲンブ岩質のマグマが穏やかな噴火をしているときでも、その一連の活動期間中に、古いデイサイト質マグマが突発的に噴出して、恐ろしい火砕流やサージとして山麓を襲う危険のあることを心得ておくべきでしょう。

妙高の家系が四代目をもって終わり、五代目の誕生がないとすれば、やがて、妙高は浸食をうけて低くなる一方となり、数十万、数百万年のちには、地球上から姿を消してしまう運命にあるのです。

噴火の予知

これまでは、今後、妙高がどうなっていくかについて、長期的な見通しをお話してきました。しかし、私たちがとりあえず関心があり、しかも、私たちの生活に直接関係のあることは、私たちが生きている間に噴火するのか、ということでしょう。さらに言うならば、いつごろ噴火するのか、噴火の予知はできるのか、といった問題だと思います。この問題は、今までお話してきたことよりも、もっと細かい次元の問題です。そして、それを明らかにするには、日常的な観測が必要になってきます。

一人ひとりの人間がいつ病気になるかということを、前もって的確に予測することは、全く不可能なことです。しかし、病気になったとき、それを早期に発見して、大事にいたる前に治療するということは可能です。

同じように、地下のマグマに全く噴火する意志がなく、じっとしているときに、そのマグマがいつ噴出するかを予測する方法は、現在のところありません。噴火に向けて地下で動き出したマグマ（やガスなど）の動きを噴火にいたる前にキャッチし（早期発見し）、いつ・どこで・どのような噴火が起こるかを予測しようというのが、現在とられている噴火予知の基本的な態度です。

火山が噴火する場合、地下のマグマの動きを反映して、何らかの前ぶれ（前兆現象《ぜんちょうげんしょう》）のあるのが普通です。その前兆現象をいち早く捉えることによって、噴火を予知しようというわけです（図61）。

その前兆現象のなかで最もよく知られ、予知にもよく利用されているのが、火山性の地震です。マグマが上昇してくるとき、岩石を割って通路を開かなくてはなりません。そのときに地震が発生するわけです。噴火の数時間〜数年前から、火山の下で地震が発生することが多いようです。

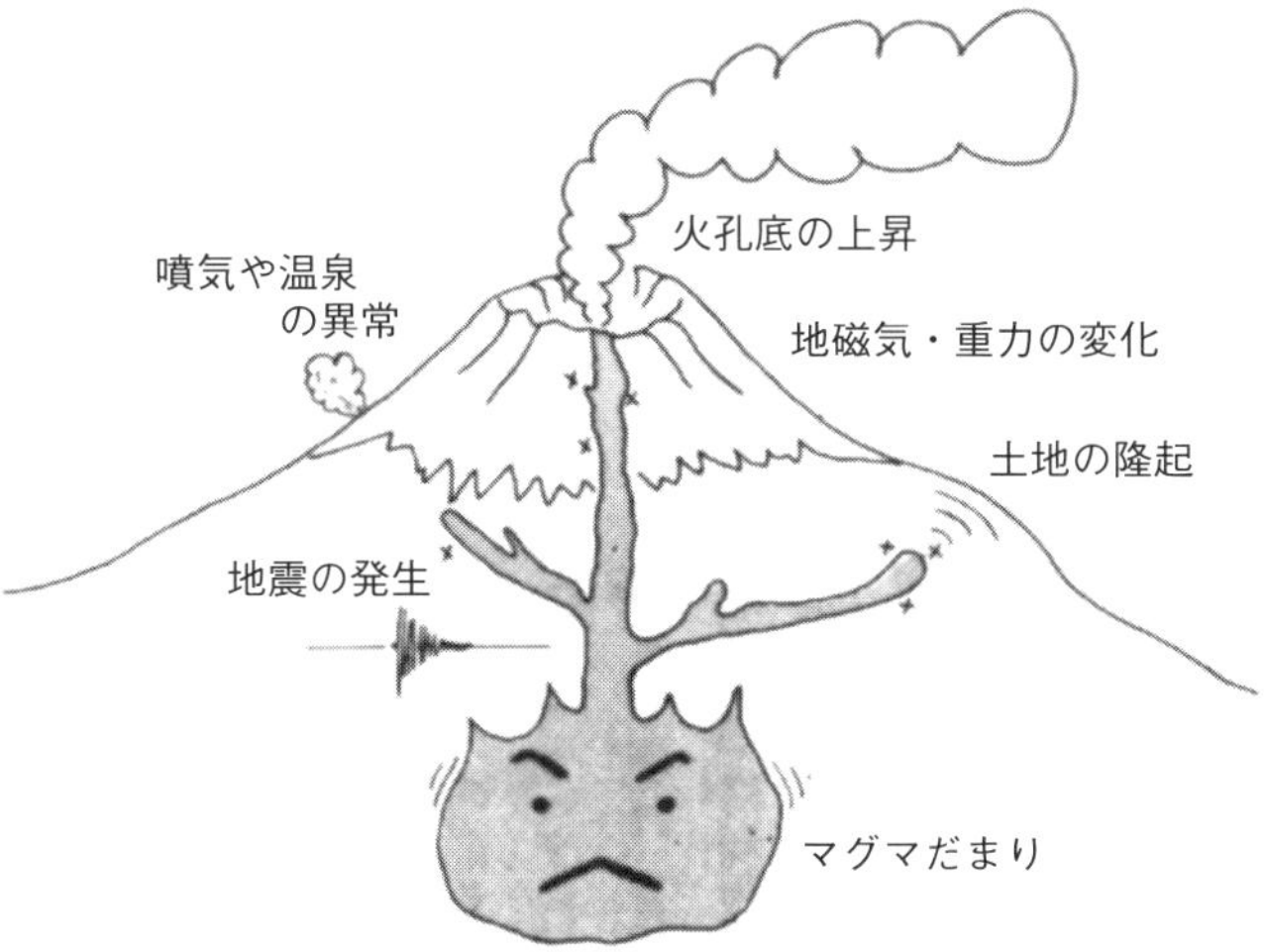

図61　噴火の前兆現象

この地震の起こり方は、どの火山でもみな同じというわけではなく、火山によってまちまちで、特有の癖があります。同じ病気でも、人によって、その症状の現れ方が違うのと似ています。たとえば、浅間火山では、噴火の二、三カ月前から地震が起こり始め、噴火が近づくにつれて、次第に回数が多くなってくる、という癖がみられます。しかし、伊豆大島火山では、浅間火山に比べると、地震の起こる頻度は少ないようです。

火山性の地震は、ふつう、マグマの粘り気が大きくなるほど顕著になる、ということがわかっています。このように、火山ごとに地震の起こる癖が違いますし、地震が起こっても、必ず噴火するとは限りません。ですから、一つ一つの火山に地震計を設置して、何回かの噴火を観測し、噴火の前後に示すその火山の癖を知ることによって、初めて、それから後の噴火を正確に予知できるようになるのです。火山で起こる地震には、低周波地震や火山性微動といったふつうの地震とは少し違ったタイプの地震のあることも知られています。

火山性の地震のほかにも、噴火の前になると、土地が上昇したり傾いたりすることがよくあります。また、地磁気や噴気・温泉・地下水・地熱などの変化も、噴火の前兆現象として知られています（図62）。いずれの場合も、火山ごとの個性が大きく現れ、長期的な観測があって、初めて予知に利用することが

図62　赤外線カメラによる地熱の測定（焼山）

できるようになります。このような観測をせずに噴火を予知することは、将来にわたっても不可能なことでしょう。

妙高は、今後も噴火をする可能性が十分あります。でも、次の噴火がいつ起こるかを予測することはできません。妙高の噴火を予知するためには、地震計などの観測機器を備えつけ、地下のマグマの動きをじっと待つ以外にないのです。

しかし、日本の活火山の中でも、観測態勢の整っている火山は、まだそれほど多くありません。そのような状況のもとでは、歴史時代に入って一度も噴火したことがない妙高に、このような観測を要求することは、現実的ではないでしょう。では、どのようにするのが、最も現実的でしょうか。

妙高のとなりには、活動的な火山である焼山があります。昭和四十九（一九七四）年の噴火では、三人の登山者が犠牲になりました（図63）。焼山は、歴史時代に入ってからも、平安時代・中世中ごろ・江戸時代安永年間に大噴火を起こし、火砕流を噴出したことがわかっています。火山の北方山麓には、たくさんの集落があり、ひとたび大噴火すると、大きな災害を引き起こす恐れがあります。

この焼山に、最近、地震計や傾斜計といった観測機器が設置され、常時、観測ができるようになりました。もし、妙高に異変があれば、これらの観測機器が察知してくれるはずです。焼山の地震計によって妙高も監視して

図63　焼山1974年の噴火

もらい、妙高に異変が認められたら、今度は、妙高に各種の観測機器を持ち込み、本格的に観測するというのが現実的のように思います。

観測機器に頼らず、私たち自身の目で妙高を見守り、噴気活動や温泉などに今までと違った異常（場所・温度・量・色など）がないかどうか、注意していることも大切です。そして、もし異常に気がついたら、役所や警察・消防署などを通じて、関係機関へ連絡してもらうようにしたらよいでしょう。

第八章　妙高と私たちのくらし

妙高は、その誕生以来、刻々とその姿を変えてきました。同時に、妙高を囲む自然や、そこに生活する人間も大きく変わってきました。それでは、妙高は、私たちのくらしとどのように関わっているのでしょう。

美しい自然

日本を訪れる外国の人たちは、日本の美しい風景を見て、感嘆の声を上げるといいます。大陸の台地や平原といった、広漠《こうばく》とした風景を見なれている人たちにとって、日本のこぢんまりとした変化に富む自然は、たまらない魅力があるのでしょう。

日本の風景美を特徴づけているのは、小規模で複雑な地形と、四季折々の色彩の変化です。この日本的風景美を代表するのが火山地域です。火山国である日本では、あちこちに、火山がつくりだした特有の風景を見ることができます。美しく雄大な裾野をひいた火山体、その周辺にはせき止めによる湖が点在し、山と湖の対照的な美しさをつくりだしています（図64）。火山が日本の風景美にどれだけ貢献しているかということは、国立公園の多くを火山（とくに活火山）地域が占めていることによっても、知ることができるでしょう。

火山は、美しい風景のほかに、たくさんの温泉を与えてくれます。温泉の多くは、地下水が地熱で温められたり、マグマから分かれた高温のガスが地下水と混じり合ったりした

図64　妙高火山全景と野尻湖

図65　燕温泉の野天風呂

ものが、地表に出てきたものです。お風呂好きの日本人のことですから、昔から温泉を上手に利用してきたことは、言うまでもありません（図65）。

妙高火山とその周辺地域も、日本を代表する景勝地の一つであり、上信越高原国立公園の中に組み込まれています。二四五四メートルに達する雄大な火山体、なだらかで広大な裾野、高原に点在する湿原とお花畑などが、この地特有の景観をつくり上げています（図66）。春から秋にかけては、登山者やハイ

図66　高谷池の湿原

カーでにぎわい、冬は一面ゲレンデに早変わりして、全国からスキー客を呼び寄せます。このような美しい風景と広いスロープは、もとはといえば、火山としての妙高が生み出してくれたものにほかなりません。

また、燕《つばめ》・関《せき》・赤倉・新赤倉・池ノ平・妙高などの温泉地へ引かれている各温泉も、妙高火山の落とし子であることを考えると、妙高は、この地域の観光資源の、文字通り生みの親であるということができるでしょう。

母なる大地

妙高が私たちに与えてくれているものは、観光資源ばかりではありません。その広大な山麓は、古く先史時代から、人間の生活の場として利用されてきました。縄文時代の遺跡分布を見ると、周辺山地よりも、妙高の山麓に圧倒的に多く見られます。このことは、私たちの祖先にとって、妙高の山麓がいかに生活しやすかったかということを示しています。現在も、大きな集落の多くは、周辺の山地にではなく、妙高の山麓に位置しており、昔と状況は変わっていません。何げなく生活している大地そのものが、妙高によって与えられたものであり、妙高は、そこに住む人たちにとって最も基本的な、生活の場を提供してくれているともいえます。

この地域は、また豊富な水に恵まれており、水資源の源としての妙高の存在も、忘れることはできません。妙高とその周辺地域は、名だたる豪雪地として知られています。ここでの融雪水や降水は、関川や矢代川によって、また地下水となって、山麓はもとより、遠く高田平野にまで供給されるのです(図67)。

妙高は、軽石のような孔隙に富んだ物質が多く集まってできているため、融雪水や降水をスポンジのように吸い込み、一時蓄える役目をしています。また、山体から山麓部をへて高田平野まで、水の通りのよい妙高の噴出物が厚くたまり、地下水路の役割も果たしています。このように、妙高は、地表でたくさんの水を集め、地下貯水池に蓄え、さらにそれを下流地域に送るという、一人で三役の働きをしている、ということができるでしょう。この豊富な水は、平坦で肥沃《ひよく》な土地と相まって、古くから農業用水として利用されてきました。

妙高の噴出物によって平坦化された土地の上には、火山灰土特有の真っ黒い腐植に富んだ土ができています。火山灰土は、空隙《くうげき》に富み、保水力に優れています。ただ、一般に酸性が強く、またアルミナ分に富んでいるため、そのままでは必ずしも畑作に適した土壌とはいえません。酸性の強い土壌では作物が育ちにくく、またアルミナが溶け出しやすくなって、作物の生育に必要なリン酸を吸収しにくい形に変えてしまうからです。そこで、酸性を中和するために石灰を加え、同時にリン酸を施す作業が行われます。こうすること

（高田工事事務所作成）

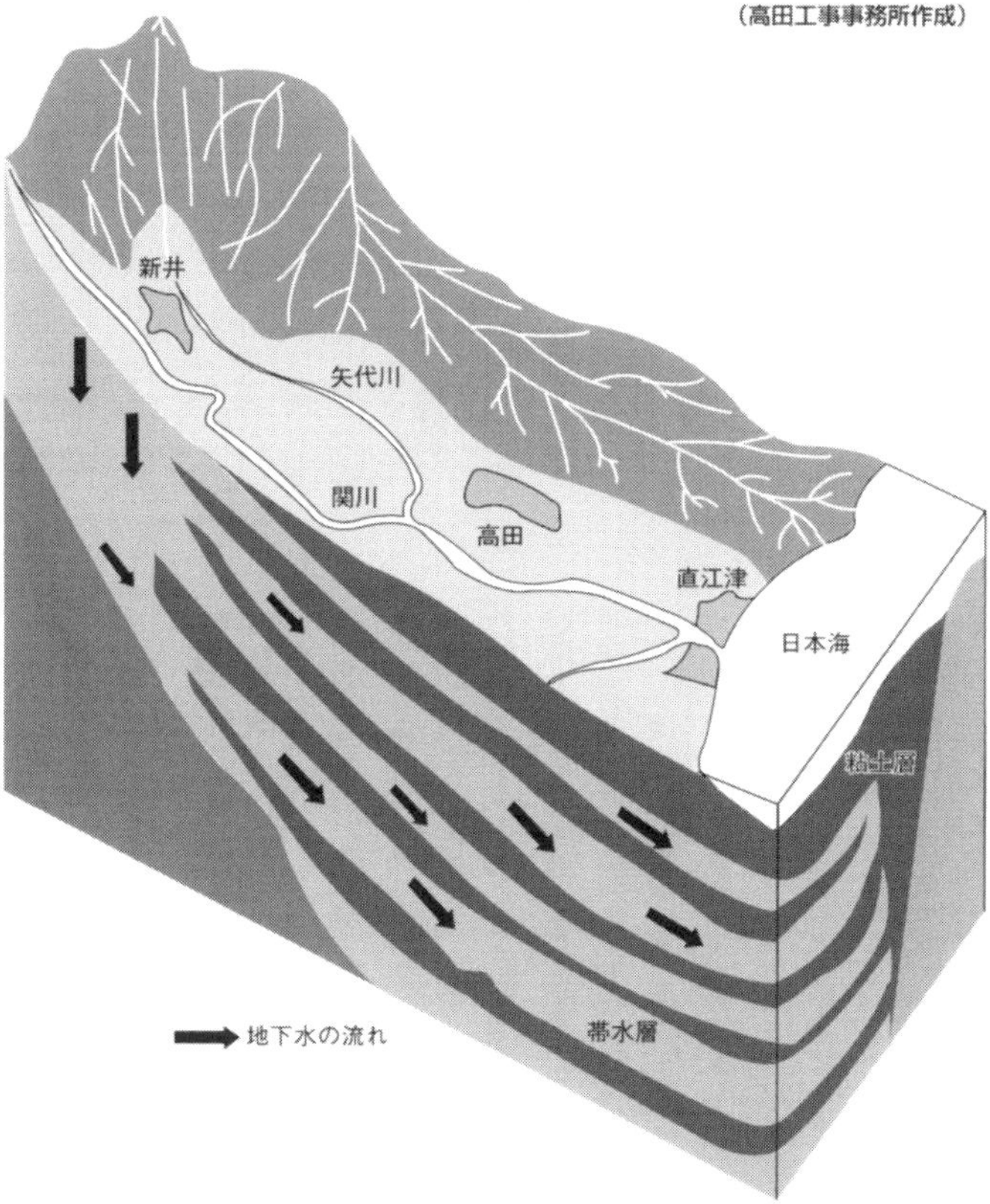

図67　上越地域の水がめとしての妙高

によって、どの土よりも優れた畑土となることができるのです。

このように、妙高火山は、山麓に住む人びとに豊かな大地を与えて、農業のための下地をつくってくれたのです。関川と矢代川によって運ばれた妙高とその周辺からの水は、山麓のみでなく、遠く離れた高田平野の水田をも潤しています。まさに、妙高は、周りに生活する人たちの命の源であり、農業の母といってもいいでしょう。

妙高を源とする水は、明治以降、発電用や工業用水としても積極的に利用されてきました。最近では、街路の消雪用（地下水）としても重宝されています。今後、妙高山地を源とする水の役割は、ますます大きくなっていくに違いありません。

妙高と災害

昭和五十三（一九七八）年五月十八日の早朝、妙高火山の南地獄谷で発生した泥流は、秒速二十メートルという速さで、白田切川にそって流れ下り、あっという間に十人もの貴い命を奪ったのをはじめ、家屋を破壊するなど、多大の被害をもたらしました（図68・69）。しかも、その日の午後には、二回目の泥流が押しよせて、さらに三人の方が亡くなられたのです。

妙高の泥流は、これが最初ではありませんでした。昭和四十六（一九七一）年には、やはり白田切川にそって、大正三（一九一四）

図68　別荘地を襲う1978年泥流

図69　泥流により破壊された家

年には大田切川にそって、それぞれ泥流が流下し、人命が失われています。

昭和五十三年の泥流は、白田切川上流の右岸で発生しました。そこには、急な崖から転がり落ちてきた溶岩などの岩片が、たくさん積もっていました。そのもろい堆積物（崖《がい》すい性堆積物）が、一挙に押し出して泥流となったのです。

その前の昭和四十六年の泥流は、もっと上流の南地獄谷の噴気地帯で発生しました。ここでは、熱い水蒸気が激しく噴き出しており、そのため、付近一帯の溶岩などは、著しく変質してボロボロになっています。この部分が白田切川へすべり落ち、川の水をせき止めた後、泥流となって流下したのです。

さしあたって噴火の心配の少ない妙高においては、当面、もっとも注意しなくてはいけないのが、この泥流です。泥流（土石流）は、土砂や大きな岩などが、水と一緒になって高速で流れ、一瞬のうちに多くの被害をもたらします。毎年、梅雨や台風のシーズンになると、全国でたくさんの犠牲者がでますが、いずれも、大雨が引き金となって発生した泥流や土石流による犠牲が、その多くを占めているのです。

妙高では、現在のところ、白田切川上流の南地獄谷が、最も泥流の起きやすいところです。このほか、大田切川や矢代川の上流域も、泥流の発生しやすい条件を備えています。これらの河川の流域に住んでいる人たちは、常日頃から、十分に注意をしていてほしいと思います。

妙高火山の斜面には、まだ十分に固結していない、もろい堆積物が広く分布しています。これらのもろい堆積物が、大雨や雪解けに伴って崩れ、泥流となって流れ下る危険は常にあります。スキー場の開発などに伴って樹木を伐採する場合や、道路建設などで斜面を切りとる場合などには、十分な注意を払っておこなうことが大切でしょう。自然への配慮を欠いた開発は、必ず妙高の怒りをかい、思いがけない災害を引き起こすことにつながりかねないのです。

火山の山麓は、すばらしい風景美や温泉に恵まれている半面、噴火に伴う災害を受けやすいという代償も常に負わされています。しかし、妙高に限っていえば、歴史時代に入ってから噴火したという記録はなく、近い将来、大噴火が起こるという兆候も今のところ認められません。先に「噴火の予知」のところで述べたような注意を払うことは必要ですが、いたずらに不安がらねばならない材料は、今のところないのです。

噴火に伴う災いは、私たちの祖先である旧石器人や縄文人が代わって受けてくれ、現在の私たちには、妙高の恩恵のみが残されたのでしょうか。

自然の保護

かつての高度経済成長期とそれに続くバブ

ルの時代には、日本の各地で、大規模な観光開発がくり広げられました。妙高でも、赤倉温泉から妙高火山の中腹を鉢巻状にまいて、笹ヶ峰まで通じる観光道路「妙高スカイライン」が計画されたことがありました。この計画は、自然の破壊を心配した人たちの反対運動もあって、その後中止されましたが、開発か自然保護かという問題の難しさを、あらためて見せつけられました。人間は、自然を開発することによって発展してきました。これからも、正しい意味での開発は、人間の将来にとって、もっともっと必要になっていくでしょう。

自然を保護する必要があるのは、何よりもそれが私たち人間にとって必要なことだからです。もちろん、人間だけを特別扱いしない、絶対的な自然保護という考えも成り立つでしょうが、あまり現実的とは思えません。純粋に自然のためだけの自然保護であるなら、人間がこの地球上からいなくなることが一番いいわけです。

自然は、海（水圏）も山（岩石圏）も大気（大気圏）も、そして動物や植物（生物圏）も、あらゆるものが有機的につながりあって微妙なバランスの上に存在しています。どこか一つが変化すると、それが次々とドミノ倒しのように波及していき、思いもかけないところに大きな影響が出て、私たちの生活を脅かすことも少なくないのです。ですから、開発か自然保護かという問題にぶつかったときには、どちらがより人間（人類）のためになるのかということで決められるべきでしょう。一部の人のため、また目先の利益のためだけでなく、多くの人にとって長期的にどちらがよりよいのかということを、冷静に科学的に判断して決めなくてはいけないと思います。今日のような経済至上主義的な風潮の中では、それさえも目先の経済効果で判断される恐れがあるのですが…。

　また、ある地域の自然保護を考えるときには、その地域に昔から生活している人たちのことを十分配慮しなくてはならないことは、言うまでもありません。地元の人たちにとって、開発か自然保護かという問題は、生きるか死ぬかという問題につながっていることが多いからです。また、地元の人たちの協力がなくしては、自然保護などあり得ないからです。

　妙高とその周辺地域は、日本を代表する景勝地の一つであり（図70・71）、これだけでも、それを保護していかなくてはならないという点では、多くの人の考えが一致すると思います。私たちは、何万年もの年月をかけて創造された自然の芸術作品ともいえる妙高を、できるだけそのままの姿で多くの人たちに見てもらうと同時に、できるだけ自然のままの姿で保護・保存し、後世の人たちのためにも残す義務があるのではないでしょうか。

　たくさんの人たちに見てもらうためには、ある程度の開発はむしろ必要なことかもしれ

図70　清水ヶ池（笹ヶ峰）

図71　美しい高山植物

ません。しかし、妙高の自然を見に来たとき、そこにはすでに自然がなかったというのでは、明らかに行きすぎです。道路をつくり観光開発をどんどん行うことは、一見、多くの人々に自然を開放するかのように見えます。しかし、そのことによって、自然は失われ、人々の前から永久に姿を消すのです。一度破壊された自然は、元へは戻らないといわれています。このような地域は、一時的に人が押しよせる時期があっても、やがては顧みられなくなり、元も子もなくなることは目に見えています。

バブル期が去った現在では、かつてのような大規模な開発はほとんど姿を消し、問題は解消したかのようにも見えます。しかし、登山人口の増加に伴うトイレや登山道の荒廃の問題、登山者や山菜採りのマナーの問題、さらには生活様式の変化や山村集落の消滅に伴う里山の荒廃など、自然保護に関する問題は、形を変えて続いています。

妙高火山は、私たちに、さまざまな恵みをもたらしました。それは美しい自然であり、温泉であり、豊かな大地でした。しかし、妙高が私たちに与えてくれた最も大きな恵みは、もっと違ったものかもしれません。

都会の雑踏しか知らないで大きくなった人と、妙高の自然に触れて育った人との間に見られる違い、これはいったい何なのでしょう。私たちは、知らず知らずのうちに、都会

の人が遠い昔に失ってしまった大切な何かを、妙高から与えられているような気がします。妙高の自然が失われたとき、その何かも失われるでしょう。自然の破壊は、私たちの心の破壊に通ずるのです。

妙高は、今日も雄々しくそびえています（図72）。私たちの心のふるさと妙高を、いつまでも大切にしようではありませんか。

図72　妙高火山全景

あとがき

これで、妙高火山の話を終わることにします。ずいぶんといろいろなことをお話してきましたが、皆さんはどういうことを感じたでしょうか。

今まで何となく眺めていた妙高に、考えてもみなかった歴史があることを知って、驚かれたかもしれません。妙高が、また噴火するのではないか、と心配になった人もいるでしょう。また、火山のいろいろなことを、もっと知りたくなったかもしれません。一人ひとり、いろいろな感じ方をしてくれていいのです。妙高火山が、私たちの生活と深い関わりのあることを知っていただけたら、それで十分です。

妙高火山を初めて研究した人は、山崎直方《なおまさ》という先生で、明治の中ごろのことでした。当時は、まだ地形図らしい地形図もなく、道も今ほどよくありませんでした。そのご苦労は、たいへんであったことでしょう。一つの火山の歴史を明らかにするには、沢という沢、尾根という尾根を、それこそ網の目のように歩き回らなくてはなりません。そして、断片的に露出している溶岩や火山灰などの層を一つ一つ識別し、歴史を読みとっていきます。この作業には、短くても数年、長い場合には数十年という年月がかかるのです。

今では、妙高は、世界でもその成り立ちが最もよくわかっている火山の一つとなっています。しかし、まだまだわからないことがたくさんあります。私たちが、いつまでも幸せなくらしをしていくためには、もっともっと妙高や地球のことを知らなくてはなりません。この本を読まれた若い人の中から、そういう研究をしてくれる人が出てきてくれたら、どんなに頼もしいことでしょう。

私が、学生時代から今日まで、ずっと妙高の研究を続けて来られたのは、この本の最初のところで名前を挙げた方々をはじめ、多くの人たちのご指導と励ましがあったからです。さらに、すべての値打ちがお金に換算されてしまう今の世の中にあって、一銭にもならない（というより大変お金のかかる）研究のまねごとをすることを黙認してくれた、私の両親と妻のおかげです。

妙高火山は、誕生以来、その山麓に住む人たちに、さまざまなものを与えてくれました。あるときは、それは豊かな実りでした。また、あるときは恐ろしい災害でした。

これからも、妙高は大きく変わっていくでしょう。そして、私たちにいろいろなものを与えてくれるでしょう。この妙高火山の未来と私たちの未来を決めるもの、それはほかでもない、私たち自身なのです。

■図・表の提供者（敬称略，所属は当時）

表紙写真：大河憲二（深江埋蔵文化財・噴火災害資料館）撮影

図２：藤田善衛太　提供

図12：河内晋平　提供

図16：荒牧重雄・鈴木秀夫監著（1986）『日本列島誕生の謎を探る』福武書店に基づく．早津裕子模写

図17：ラクロアー（1904）『La Mont. Pelée et ses Eruptions』Masson

図18：大河憲二　撮影

図23－上：十日町博物館による

図23－下：妙高高原町教育委員会（1976）『兼俣遺跡発掘報告書』（近藤正英　画）

図24：大口昭治　画

図29：仲摩照久編（1931）『山岳の驚異』新光社

図30：Sekiya, S. and Kikuchi, Y.（1890）：Jour. Co. Sci. Imp. Univ., Japanに基づく

図34：中谷　進　撮影

図37：妙高村観光協会　提供

図48：早津裕子　画

図52：小野　健　撮影

図55：Chinzei, K.（1978）The Veliger, 21, 鎮西清高（1981）化石, 30, に基づく

図57：天野和孝編著（1990）『新潟県地学のガイド（上）』コロナ社，に基づく

図62：清水信久　撮影

図63：州崎耕一郎・春日　健　撮影

図64：妙高高原町　提供

図66：豊田忠雄　撮影

図67：高田河川国道事務所　提供

図68：鴨井国博　撮影

図72：保坂勘作　撮影

本書を
両親の早津利雄と早津キイに捧げます

■著者紹介
早津賢二（はやつけんじ）
1944年新潟県に生まれる。
信州大学・京都大学大学院修了。
富山大学・群馬大学講師を経て、現在フリーの立場で研究に従事。
専攻は火山地質学、理学博士。
秩父宮記念学術賞受賞。
著書
『妙高火山群─その地質と活動史─』（第一法規出版）
『妙高火山群─多世代火山のライフヒストリー─』（実業公報社）
『現代地学要説』（朝倉書店・分担執筆）
『燃える焼山』（新潟日報事業社）
『フィールドガイド　日本の火山①─関東甲信越の火山Ⅰ・Ⅱ─』（築地書館・分担執筆）
『新潟県地学のガイド（上）─新潟県西部の地質と化石をめぐって─』（コロナ社・分担執筆）
など。ほかに論文多数。

住所
〒944-0035　新潟県妙高市渋江町4-10

新版　妙高は噴火するか

2012年９月25日　初版第１刷発行
著　者　早津賢二
発行所　株式会社新潟日報事業社
〒951-8131　新潟市中央区白山浦2-645-54
TEL　025-233-2100　FAX　025-230-1833
印　刷　新高速印刷株式会社

定価　1,470円

　ISBN4-86132-510-6